JULIUS BERNSTEINS LEBENSARBEIT

ZUGLEICH EIN BEITRAG
ZUR GESCHICHTE DER NEUEREN BIOPHYSIK

VON

A. v. TSCHERMAK

O. Ö. PROFESSOR, DIREKTOR DES PHYSIOLOGISCHEN INSTITUTS
DER DEUTSCHEN UNIVERSITÄT PRAG

Springer-Verlag Berlin Heidelberg GmbH 1919

Sonderabdruck aus

Pflüger's Archiv für die gesamte Physiologie Bd. 174, Heft 1/3.

ISBN 978-3-662-33528-4   ISBN 978-3-662-33926-8 (eBook)

DOI 10.1007/978-3-662-33926-8

Am 6. Februar 1917 ist zu Halle a. S. der Altmeister unserer Wissenschaft Julius Bernstein im 78. Lebensjahre aus unserer Mitte geschieden, ein still und emsig Schaffender, ein höchst sorgfältiger Beobachter und feinsinnig-kritischer Kopf, ein schlichter, edler Mensch. Mit Bernstein ist der letzte der Grossen aus dem Kreise Emil du Bois-Reymond's dahingegangen, selbst ein Meister biophysikalischer Forschung, ein wahres Musterbild eines deutschen Gelehrten. Sein Dasein war so gut wie ganz gewissenhaftester wissenschaftlicher Arbeit als Lehrer und Forscher geweiht, und deren Früchte bedeuten für den Fernerstehenden schier den Inhalt des äusserlich wenig bewegten Lebens.

Als dankbarer Schüler will ich die Summe von Bernstein's Geistesarbeit ziehen und damit zugleich einen Beitrag zur Geschichte der neueren Biophysik liefern. Nur einleitend seien auch einige persönliche Daten in Erinnerung gerufen[1]).

A. Lebenslauf.

Schon im Elternhause empfing der frühreife Knabe — geboren am 8. Dezember 1839 zu Berlin — bedeutsame Weckung und Anregung zu vielseitigen naturwissenschaftlichen Interessen. Der Vater, Aron Bernstein, war als armer Studierender der jüdischen Theologie aus Danzig nach Berlin gekommen und hatte dort zunächst ein Lesekabinett gegründet, in dem ein grosser Teil der damaligen gebildeten Gesellschaft Berlins verkehrte. Später wandte sich der geistig ungemein rege Mann zunächst der belletristischen, seit dem Jahre 1848 der politischen Schriftstellerei zu, gründete die Urwähler-Zeitung (1849), später die Volkszeitung (1853). Schon frühzeitig hatte er seine stille Liebe den Naturwissenschaften zugewandt, mit astronomischen Be-

---

1) Zudem sei auf die pietätvolle Grabrede E. Abderhalden's (Dem Andenken von Julius Bernstein gewidmet. Med. Klinik 1917 Nr. 9) verwiesen.

obachtungen und Spekulationen[1]) begonnen und sich ein chemisches und photographisches Laboratorium eingerichtet, in welchem auch der Sohn Julius seine experimentelle Tätigkeit begann. Als einer der ersten befasste sich der Vater (seit 1856) mit der Herstellung von photographischen Glaslichtbildern, speziell von Stereophotogrammen. Auf dem Gebiete der Telegraphie und Telephonie löste er das Problem des Doppelsprechens auf einem Draht. Diese Interessen fanden ihren literarischen Niederschlag in naturwissenschaftlichen Aufsätzen, welche später in den „Naturwissenschaftlichen Volksbüchern" gesammelt wurden und die Gebiete der Astronomie, Physik, Chemie, Physiologie und Geologie behandelten. Es ist begreiflich, dass durch das rege Geistes- und Verkehrsleben des Vaters der Sohn mächtige Anregungen erhielt. Dieser bewahrte dem Vater auch zeitlebens dankbarste Verehrung. Ihm widmete er in reifen Jahren das Büchlein über die fünf Sinne des Menschen (**31** — 1876; **58** — 1899)[2]), in welchem er, dem Vater ähnlich, das Talent zu allgemein verständlicher und anziehender Darstellung physiologischer Fragen bekundete. Ebenso interessante als rührende Erinnerungen an das Elternhaus hat B. im reifen Alter in einer als Manuskript gedruckten Schrift niedergelegt (**124** — 1913).

Die im Elternhaus erhaltenen Impulse führten B. nach Besuch des Neu-Cöllner Gymnasiums zum Studium der Medizin, welches er 1858 in Breslau begann. Hier gewann Rudolf Heidenhain[3]), der neben dem Botaniker Ferdinand Cohn mächtigen Eindruck auf ihn machte, sein Herz für die Physiologie. Heidenhain hat auch seine weitere Laufbahn, speziell seine spätere Berufung nach Halle gefördert. Während der Fortsetzung seiner medizinischen Studien in Berlin wurde B. durch seinen Jugendfreund L. Hermann, dem Sohne von A. Bernstein's Kollegen S. Hermann, in das Laboratorium von E. du Bois-Reymond[4]) eingeführt, wo er im Sommer 1860 zu arbeiten begann und sich bis 1864 wissenschaftlich betätigte (Arbeiten **1**—**6**). Am 1. August 1862 wurde er auf Grund einer Dissertation über die Physiologie der Muskeln von Wirbellosen (**3**) zum Dr. univ. med. promoviert. Im Jahre 1864 kam B. auf du Bois' Empfehlung als Assistent nach Heidelberg zu H. v. Helmholtz, welcher seit 1858, aus Bonn bzw. Königsberg berufen, als Professor

---

1) In der Schrift A. Bernstein's, Die Gesetze der Rotation (Berlin 1848) wird zum ersten Male die Hypothese des Lichtdruckes aufgestellt, durch welchen die Strahlen der Sonne die Rotation der Planeten bedingen sollen.

2) Die im Literaturverzeichnis, Anhang A, angeführten Publikationen B.'s sind durch arabische Ziffern (**1—135**) bezeichnet, die im Anhang B zitierten Schülerarbeiten durch römische Ziffern (**I—LXXXII**).

3) Vgl. B.'s Nachruf auf R. Heidenhain (**81** — 1897).

4) Vgl. B.'s Nachruf auf E. du Bois-Reymond (**79** — 1897).

der Physiologie dort wirkte — seine fruchtbarste und vielseitigste Periode. Im persönlichen Umgange mit Helmholtz[1]) lernte B. dessen erhabene Ruhe, seine allem rednerischen Glanze abholde Schlichtheit, sein experimentelles Geschick und Talent zu Improvisationen bewundern und diesem Vorbilde nacheifern. Er genoss auch die edle Geselligkeit im Hause des Meisters. In Heidelberg kamen bei B. die von du Bois empfangenen, von Helmholtz geförderten Anregungen auf bioelektrischem Gebiete zur Reife.

Nach der Fortberufung von Helmholtz im Jahre 1871 las er durch ein Semester an dessen Stelle und leitete vertretungsweise das Heidelberger physiologische Institut. B. wurde dann zum ausserordentlichen Professor ernannt und kehrte im Herbst 1871 zu du Bois nach Berlin zurück. Schon im nächsten Jahre erfolgte über Vorschlag seitens A. W. und R. Volkmann seine Berufung als Nachfolger von F. Goltz im Ordinariat der Physiologie an die Universität Halle, der B. zeitlebens treu blieb. Hier entfaltete er durch 46 Jahre eine höchst emsige und fruchtbare Tätigkeit als Lehrer und Forscher, speziell nachdem er das ganz unzulängliche alte Laboratoriumshäuschen mit einem unter grossen Schwierigkeiten erkämpften Neubau [eröffnet am 3. November 1881[2])] vertauscht hatte. B. wählte hiezu sehr zweckmässigerweise eine Lage abseits von Strasse und Starkstromleitungen, verband Institut und darübergelegene Amtswohnung durch ein zentralgelegenes Stiegenhaus mit doppelgeschossigem Eingang und wählte einen quadratischen Grundriss mit angesetzten Eckräumen. Allerdings fehlte dabei die sehr empfehlenswerte volle Trennung von Unterrichts- und Forschungsabteilung. Noch im reiferen Alter erstrebte B. einen noch vollkommeneren Neubau — zumal da sehr unzweckmässigerweise in die frühere Amtswohnung das hygienische Institut verlegt worden war.

In einer nicht geringen Zahl von Schülerarbeiten (82), welche aus dem Hallenser Institut hervorgingen, kommt B.'s befruchtende Anregung und methodische Lehrwirkung zum beredten Ausdruck. Allerdings haben sich verhältnismässig wenige Schüler aus B.'s Institut — so J. Steiner, K. Schönlein, P. Jensen, A. v. Tschermak, E. J. Lesser, E. Laqueur, F. Verzár — dem akademischen Berufe zugewandt. Früh verstarben die talentvollen Mitarbeiter R. Marchand und B. Morgen. Doch hat gewiss bei einer stattlichen Zahl von engeren und weiteren Schülern die Hallenser Lern- und Arbeitszeit die spätere ärztliche Praxis befruchtet.

---

1) B. hat dem grossen Meister einen Nachruf (**73** — 1895) und ein kurzes Lebensbild (**104** — 1904) gewidmet.

2) Bei dieser Gelegenheit hielt B. eine geistvolle Rede über Entwicklung und Standpunkt der Physiologie (**42** — 1881).

B. war als Lehrer und Vortragender schlicht, ohne rednerischen Prunk oder hinreissendes Temperament. Der eifrige und verständige Schüler konnte jedoch reiche Förderung finden, zumal da B. sich gerne und geduldig einer Spezialbefragung widmete. Auch legte B. mit Recht grosses Gewicht auf eine sorgfältige Vorbereitung und experimentell-demonstrative Belebung der Vorlesungen sowie auf eine hingebende Gestaltung der praktischen Übungen. Im Lesen war B. geradezu unermüdlich und hielt neben dem sechsstündigen Hauptkolleg und dem vierstündigen Praktikum oft noch ein Spezialkolleg und ein Kolloquium mit Arbeitenbesprechung.

Im Laboratorium war B. ein Vorbild an Sorgfalt und Genauigkeit beim Experimentieren, kritisierte wohlwollend ohne abzuschrecken und zeigte sich als ein Künstler im Improvisieren aus bescheidenen Mitteln. Viele seiner methodischen Gedanken sind sehr sinnreich zu nennen. Den gereiften Schülern liess er weitgehende Selbständigkeit. Es war nicht seine Art, eine grosse Schule machen zu wollen.

Neben der Physiologie waren es die Physik, speziell die Elektrik, Molekularphysik und Thermodynamik sowie die physikalische Chemie, aber auch die Mathematik, welchen B.'s Interessen gehörten. Die genannten physikalischen Spezialgebiete hat er auch durch manche originelle Forschungsarbeit gefördert. Auch der Astronomie bewahrte er eine vom Vater überkommene stille Neigung. Nicht minder gehörte sein wissenschaftliches Interesse und seine ästhetische Befriedigung der Welt der Töne, wobei ihm die musikalische Tradition der eigenen Familie (der Vater und die älteste Schwester Fanny waren musikalisch veranlagt) und die hohe musikalische Begabung seiner Lebensgefährtin wesentliche Förderung gewährte.

Im Kreise seiner Kollegen gewann B. bald eine sehr angesehene Stellung und wurde wiederholt zu Vertrauensstellungen berufen. So wurde er innerhalb der Jahre 1879—1912 neunmal mit dem Dekanate betraut, für das Jahr 1890/91 zum Rektor der Universität Halle-Wittenberg gewählt. Bei der Inauguration hielt er eine Aufsehen erregende Rede über die mechanistische und die vitalistische Vorstellung vom Leben (61 — 1890). Schon bei einer früheren Gelegenheit hatte er diesen Ideen durch eine Rede als Preisverkünder (Über die Kräfte der lebenden Materie, 40 — 1880) präludiert. — Durch lange Jahre bekleidete B. das Amt eines Vorsitzenden der Staatsprüfungskommission und war als solcher ein ebenso unparteilicher wie wohlwollender Mentor für die Kandidaten, denen in ihren Anliegen und Nöten seine Tür stets offenstand. — Als Mitglied von Kommissionen, speziell für Berufungen, betätigte sich B. sehr eifrig, und die Gewinnung so mancher hervorragenden Kraft für die Hallenser Universität ist seinem streng sachlichen Votum zu danken.

Nach vierzigjähriger Tätigkeit trat B. im Jahre 1911, 72 Jahre alt, vom Lehramte zurück. Dies bedeutete jedoch kein Sichzurruhesetzen, vielmehr widmete er sich jetzt wieder ganz der Tätigkeit als Forscher und Schriftsteller. Gerade seinem Otium cum dignitate (1911—1917) verdanken wir eine Anzahl hervorragender Arbeiten und Veröffentlichungen. Erst der Tod hat ihm sozusagen die Laboratoriumsinstrumente und die Feder aus der Hand genommen!

Bei aller persönlicher Zurückgezogenheit pflegte B. doch manchen Freundesverkehr, in welchem er an geistiger Anregung ebenso der Gebende wie der Empfangende war. Als persönliche und wissenschaftliche Freunde, mit denen er besonders die Heidelberger Zeit gemeinsam verlebte, sind vor allem die beiden Chemiker Viktor und Richard Meyer zu nennen, von denen der letztere B.'s Schwester Johanna heiratete, ferner der Mathematiker Paul du Bois-Reymond[1]), der Bruder des Physiologen, und der Physiologe F. Holmgren[2]). Vom väterlichen Hause her war B. mit W. Sklarek befreundet, dem späteren Begründer der Naturwissenschaftlichen Rundschau, welcher gleichfalls sein Schwager wurde und B. zu zahlreichen Beiträgen für seine Zeitschrift gewann. Während seiner Hallenser Zeit pflegte B. speziell mit dem Anatomen Welcker, dem Pathologen C. Eberth, dem Psychiater E. Hitzig, dem Anatomen W. Roux, dem Chemiker J. Volhard, dem Mathematiker G. Cantor, dem Leipziger Chemiker W. Ostwald und mit seinem Nachfolger im Lehramte, E. Abderhalden, geistige Beziehungen. Auch auf den Verkehr mit Vertretern ihm ferner liegender Fächer — so dem Nationalökonomen Conrad, dem Juristen Loening, dem Archaeologen Heydeman, dem Philologen Dittenberger u. a. -- legte B. großen Wert.

B.'s Leben teilte sich, wie es dem deutschen Gelehrten ziemt, im wesentlichen zwischen Berufsarbeit und Familie. An seiner hochbegabten Gattin, der Tochter des kaiserlich russischen Brigadearztes Geh. Kollegienrates Dr. H. Levy, hatte B. auch in wissenschaftlichen Fragen eine verständnisvolle Genossin. Neben manchem leidvollen Verlust genoss er das Glück, zwei Söhne und eine Tochter heranwachsen zu sehen, welche sich mit grossem Erfolg der Mathematik, der landwirtschaftlichen Maschinenkunde und der Malerei widmeten. Der geistige Verkehr in der Familie war ein lebhafter, indem der Vater die Kinder mannigfach anregte, ihre Neigungen auf naturwissenschaftlichem und künstlerischem Gebiete verständnisvoll förderte und selbst von ihnen — speziell durch die originelle mathe-

---

1) Vgl. B.'s Nachruf auf P. du Bois-Reymond (59 — 1889).
2) Vgl. B.'s Nachruf auf F. Holmgren (80 — 1897).

mathische Begabung seines Sohnes Felix — Anregung empfing. — B. verschied am 6. Februar 1917 ohne Leid an den Folgen einer katar-rhalischen Pneumonie.

B. Lebensarbeit.

Auf Grund der vorliegenden Publikationen, von denen im Anhange eine Übersicht nach zeitlicher Folge geboten wird, sei ein Bild von B.'s Lebensarbeit entworfen. So wenig verkannt werden darf, dass auch beim Gelehrten nur ein bescheidener Teil der geistigen Leistung literarischen Niederschlag zu finden pflegt und das Erbe an die Nach-welt arg verkürzt zu nennen ist, so war es doch gerade B. beschieden, in stiller Emsigkeit sich weitgehend literarisch auszuwirken, so dass ein sorgfältiges Studium seiner Veröffentlichungen ein ziemlich voll-ständiges Bild seiner wissenschaftlichen Lebensarbeit gibt. Allerdings wird daneben jeder, der aus dem Hallenser Institut hervorgegangen ist, eine Fülle an wertvoller Tradition, speziell an Versuchsmethodik und Improvisationstechnik, von B. übernommen haben.

Ein Bild von B.'s Lebensinhalt auf Grund seiner Arbeiten wird naturgemäss zu einem Beitrage zur Geschichte der neueren Biophysik überhaupt. B. fühlte und betätigte sich ja als Biophysiker im strengen Sinne des Wortes. Seine Forschungsarbeit hatte zwei Höhepunkte — der eine war schon frühzeitig gelegen in der exakten Erforschung des bioelektrischen Erregungsvorganges im Muskel- und Nervensystem. Den zweiten Gipfel erreichte B.'s Forschergeist im reiferen Lebens-alter durch die chemisch-physikalische Ausgestaltung und Vertiefung der Bioelektrik, speziell in thermodynamischer Hinsicht, sowie durch die molekularphysikalische Analyse des Bewegungsvorganges. Auf dem Gebiete der allgemeinen Muskel- und Nervenphysiologie hat B., ausgehend von der Vorstellungswelt seines Lehrers E. du Bois-Reymond, sowohl durch originelle und exakte Tatsachenfunde als durch feinsinnige und kritische Verarbeitung solcher vielfach Neu-artiges geschaffen. Von ihm stammt ja — neben E. du Bois-Rey-mond selbst und den Mitschülern L. Hermann und J. Rosenthal — ein grosser Teil der Fundamentalbeobachtungen und der Versuchs-instrumente auf dem Gebiete der allgemeinen Muskel- und Nerven-physiologie. In den späteren Arbeitsjahren Bernstein's war es die Heranziehung der Methoden und Ideen der modernen Elektrochemie, Molekularphysik und Thermodynamik, wodurch er in geradezu vor-bildlicher und fruchtbarer Weise jenen älteren Problemen neue Seiten abgewann und ihre Lösung in hohem Maasse förderte. So konnte B. selbst in vorgeschrittenem Lebensalter auf diesem Gebiete führend bleiben und mit jüngeren Vertretern der biophysikalischen Forschungs-richtung anregend und wetteifernd — nicht selten auch unter erfahrungs-reicher Kritik — zusammenarbeiten.

B.'s biophysikalische Interessen waren aber durchaus nicht einseitig nur der allgemeinen Muskel- und Nervenphysiologie zugewandt, wie wohl ein oberflächlicher Beurteiler und Kenner seiner Lebensarbeit glauben könnte. In grossem Fleisse und feinsinniger Gründlichkeit hat er vielmehr eine Fülle von Teilgebieten unserer Wissenschaft bearbeitet und oft mit wertvollen Beiträgen bereichert.

Ein umfassendes Bild von B.'s Lebensarbeit ergibt sich, wenn wir nun in zeitlicher wie inhaltlicher Gruppierung seine Leistungen zunächst auf dem Gebiete der allgemeinen Muskel- und Nervenphysiologie, speziell der Bioelektrik (I), dann im Bereiche der Molekularphysik der lebenden bzw. kontraktilen Substanz (II) überblicken. Hierauf sei über seine Beiträge zur Herzphysiologie und Kreislaufslehre (III) sowie zur Atmungsphysiologie (IV) gehandelt. Endlich werden B.'s Studien auf dem Gebiete der Sinnesphysiologie (V) und der Toxikologie (VI) zu schildern und seine literarischen Leistungen didaktischen Charakters (VII) zu würdigen sein. Von den aus dem Hallenser Institut hervorgegangenen Arbeiten, welche im Anhange B (Nr. I—LXXXII) vollzählig angeführt sind, will ich nur jene berücksichtigen, welche auf B.'s Anregung und unter seiner Leitung entstanden sind.

I. Arbeiten auf dem Gebiete der allgemeinen Muskel- und Nervenphysiologie, speziell der Bioelektrik.

In erster Linie seien B.'s Leistungen auf seinem Hauptarbeitsgebiete, der allgemeinen Muskel- und Nervenphysiologie, speziell der Bioelektrik, geschildert. Die meisten von B.'s bezüglichen Methoden und Ergebnissen sind zwar allgemeinbekannter Inhalt der Doktrin und Tradition unserer Wissenschaft geworden; manche Beobachtungen, Gesichtspunkte und Fragestellungen sind aber dabei übersehen oder vergessen worden, so dass eine kurze historische Erinnerung an die Hauptresultate von B.'s Forschungsarbeit nicht bloss für den Anfänger, sondern auch für den Fachmann neben Bekanntem doch manches Neuerscheinende zu bieten vermag.

In seiner lateinisch geschriebenen Dissertation (3 — 1862) behandelte B., angeregt durch E. du Bois-Reymond's klassische Untersuchung über die chemische Reaktion des Muskels (1859), das Verhalten der relativen Reaktion an Muskeln von Wirbellosen (Krebsschere, Teich- und Miesmuschel) bei Prüfung an Lackmuspapier. An ausgeschnittenen Krebsmuskeln ergab sich ein Umschlag der fast neutralen, gegen Alkalinität neigenden Ruhereaktion in saure bei Totenstarre, und zwar schon nach 10 Stunden, ferner ein folgender Umschlag in alkalische Reaktion nach 48 Stunden — also rascher als am Froschmuskel bei gleicher Temperatur. Ebenso tritt bei langsamem Erwärmen Säuerung ein, bei rascher Hitzeabtötung (75⁰ C.) hingegen alkalische Reaktion — hinwiederum Säuerung bei länger- dauerndem Tetanus. Doch sind die Veränderungen geringer als beim Froschmuskel. Am Muskelpresssafte wurde spontane Gerinnung sowie Koagulation bei 45⁰ C. unter gleichzeitiger Säuerung beobachtet — ebenso wie dies E. du Bois-Reymond am Froschmuskel festgestellt hatte. Am Schliessmuskel der Muschel fand B. eine ganz schwach saure, nach dem Tode nicht zunehmende, sondern später in Alkalinität umschlagende Reaktion, während der Pedalmuskel gegen Lackmus neutral reagiert. Die relativ saure Reaktion des tonisierten Schliess- muskels brachte B. damals, wo man — wie ja heute noch vielfach! — noch nicht zwischen „Tonus" und „Erregung" unterschied[1]), in Zu- sammenhang mit der dauernden Spannung des Schliessmuskels — im Gegensatze zu der bloss zeitweiligen Tätigkeit der Fussmuskulatur. Auf jeden Fall war hiemit das bedeutsame Problem einer Ver- schiedenheit der Reaktion aufgestellt (und zwar sowohl der absoluten, durch die Wasserstoffionenkonzentration bezeichneten Re- aktion als der relativen, durch das Bindungsvermögen gegenüber Säuren oder Basen bestimmten Reaktion) bei tonisierten Muskeln, verglichen mit alterativ beanspruchten. — Interessant war auch die Beobachtung, dass am isolierten Schliessmuskel keine Starreverkürzung eintritt; auch fehlt eine Säuerung bei allmählichem Erwärmen, während rasches Erhitzen (auf 75⁰ C.) Umschlag zu Alkalinität bewirkt. Hin- gegen tritt am Schliess- wie am Pedalmuskel deutliche Säuerung ein bei tetanischem Reizeffekt, ebenso wie der Presssaft spontane wie thermische (45⁰ C.) Gerinnung aufweist.

Auf dem Gebiete der Elektrophysiologie begann B. seine literarische Tätigkeit (2 — 1862) schon als Student und Praktikant im Berliner physiologischen Institute durch Konstruktion eines Reizapparates, welcher infolge Zu- oder Abnehmens einer Nebenschliessung mit gleich- mässiger Geschwindigkeit die Erzeugung eines geradlinig ansteigenden Reizstromes gestattet; zu diesem Behufe wird ein an einem schwingen- den Pendel befestigtes Kreisbogenstück eines Platindrahtes in Queck- silber eingetaucht oder aus diesem herausbewegt.

In seiner ersten bioelektrischen Untersuchung (8, 9, 10 — 1866), welche bereits in Heidelberg angestellt wurde, konnte B. am mark- haltigen Froschnerven die Verstärkung der negativen Schwan- kung bei Versetzen der gereizten Stelle in Katelektrotonus (bei Vermeiden zu starker Ströme!), umgekehrt die Schwächung im Anelektrotonus nachweisen. Es war damit eine volle Analogie

---

1) Vgl. dazu speziell meine übersichtliche Darstellung: Die Lehre von der tonischen Innervation. Wiener Klin. Wochenschr. Jg. 27, Nr. 13, 1914.

zwischen den Äusserungen der nervösen Erregbarkeit am innervierten Muskel und am Längsquerschnittstrome bzw. Galvanometer dargetan. Ferner erwies B. das Erfolgen einer stets gegensinnigen, also wahrhaft negativen Schwankung des elektrotonischen Zuwachsstromes (unter Ableitung von zwei Oberflächenpunkten) bei Reizung des Nerven und die Zunahme dieser Schwankung mit der Stärke des Zuwachses. Auch legte B. die Komplikationen dar, welche sich bei der algebraischen Summierung von Längsquerschnittstrom und elektrotonischem Zuwachsstrom für Sinn und Grösse der Erregungsschwankung sowie aus dem Einflusse des elektrotonisierenden Stromes auf das Leitungs-vermögen ergeben. Die Erregung des Nerven äussert sich demnach bioelektrisch in derselben Weise — nämlich in Form einer negativen Schwankung —, gleichgültig, ob ein „Grundstrom" dauernd durch künstlichen Querschnitt oder temporär durch Herbeiführung von Elektrotonus geschaffen wird. Diese Analogie beweist zugleich die physiologische Natur des Elektrotonus und widerlegt die Annahme einer (sc. ausschliesslichen!) physikalischen Grundlage desselben.

Eine ganze Reihe von geradezu klassischen Einzeluntersuchungen (**13, 14, 15** — 1867—1868) sowie die bekannte Monographie „Unter-suchungen über den Erregungsvorgang im Nerven- und Muskelsystem" (**21** — 1871) widmete B. dem Problem der Fortpflanzungs-geschwindigkeit der negativen Schwankung im Nerven und im Muskel, verglichen mit der Ausbreitung der Kontraktion, ferner der Frage nach dem zeitlichen Verlauf der negativen Schwankung des Nervenstromes (**13, 14, 15** — 1867—1868; **21** — 1871) und des Muskelstromes (**21** — 1871). B. gründete diese Unter-suchungen auf sein Differential-Rheot mverfahren[1]), welches dank den an einem Rade angebrachten Reiz- und Ableitungskontakten einerseits gestattet, bioelektrische Ströme nach einem beliebigen Zeit-intervall nach vollzogener Reizung zum Galvanometer abzuleiten, andererseits es ermöglicht, beliebige homologe Stücke aus einer Serie rhythmisch wiederholter Stromeskurven herauszuschneiden und sum-mativ zur Einwirkung auf ein relativ träges Galvanometer zu bringen und aus diesen Werten die Stromkurve selbst zu konstruieren; so wurde zuerst von B. die steil ansteigende und langsam abfallende Kurve der negativen Schwankung auf Grund von 10 Einzel-reizungen pro Sekunde ermittelt. Vor Erfindung der photographischen Registrierung des ganzen Schwankungsverlaufes mittels Telephon[2]),

---

1) Siehe auch B.'s ablehnende Kritik der von L. Hermann, Notiz über eine Verbesserung am repetierenden Rheotom (Pflüger's Archiv Bd. 27 S. 289. 1882) vorgeschlagenen Abänderungen am Differential-rheotom (**52,** spez. S. 229 — 1886).

2) Die Verwendbarkeit des Telephons zum Nachweis der elektrischen

Kapillarelektrometer und Saitengalvanometer stellte das Rheotomverfahren die zwar umständliche, doch souveräne Untersuchungsmethode dar. Aber auch heute ist das Rheotom noch sehr wohl zu mancherlei Versuchungsanordnungen, zum Beispiel zur Abblendung der einen Phase von Induktionsströmen, mit Nutzen zu verwenden.

Zunächst erwies B. (9 — 1866; 13 — 1867), dass die Fortpflanzungsgeschwindigkeit der negativen Schwankung übereinstimmt mit der von Helmholtz ermittelten Geschwindigkeit der Erregungsleitung im ausgeschnittenen Froschnerven (25—32 m, im Mittel 28 m) und somit die „Dauer" des elektrischen Vorganges (siehe unten!) an einer unendlich schmal gedachten Nervenstrecke zu 0,6—0,7 σ ($\sigma = 0,001''$), die Länge der Schwankungswelle zu 18—19 mm, mindestens zu 15 mm zu berechnen ist. Zwischen dem Moment der Reizung und dem Beginn der Schwankung vergeht kein durch unsere Mittel messbarer Zeitraum (21, spez. S. 58 — 1871; vgl. auch 45, spez. S. 333 — 1882; 55, spez. S. 94 — 1888).

Im unversehrten Nerven nimmt B. ein Gleichbleiben der Schwankungswelle bei ihrer Fortpflanzung an (21, spez. S. 152 — 1871). B. erwies auch das Wachsen der Grösse der negativen Schwankung mit der Reizstärke, und zwar noch weit über den Betrag des manifesten Nervenstromes hinaus, sogar bis zum 8,7fachen[1]).

Auf Grund dieser klassischen Feststellungen betrachtete B. den Vorgang der Erregung als zusammenfallend mit jenem der negativen Schwankung und bezeichnete die ablaufende bioelektrische Welle geradezu als „Reizwelle" oder „Erregungswelle"[2]), die Reizwelle selbst als „das Bild des im Nerven ablaufenden Erregungsvorganges" (15, spez. S. 199 — 1868). B. hat damit unstreitig

____

Stromesschwankungen im erregten Muskel (bis zur Frequenz von f′′ 704 S) hat B. mit K. Schoenlein (41 — 1881) zuerst erwiesen, Fr. Lee bestätigt (Über die elektrischen Erscheinungen, welche die Muskelzuckung begleiten. Du Bois' Archiv für Physiol. 1887, S. 204).

1) Später hat B. (55, spez. S. 76 — 1888) in besonderen Versuchen gezeigt, dass auch bei fast verschwundenem bzw. durch innere Polarisation verdecktem Nervenstrom eine erhebliche negative Schwankung erfolgt, und dass deren Grösse keineswegs in demselben Verhältnisse abnimmt als die Kraft des Nervenstromes, wie auch das Anlegen eines neuen Querschnittes meist kein merkliches Wachsen der negativen Schwankung bewirkt.

2) Dieser Ausdruck ist meines Erachtens insofern ein recht glücklicher zu nennen, als er dem Begriffe des wie immer beschaffenen „Kontinuitätsreizes" als Grundlage des Leitungsvorganges gerecht wird. Die häufigere Anwendung des Terminus „(elektrische) Erregungswelle" wäre nicht bloss historisch gerechtfertigt, sondern auch sachlich von Vorteil, zumal da man damit nicht notwendig die L. Hermann'sche Theorie einer elektrischen Natur des Kontinuitätsreizes, also der Wirkung des Aktionsstromes als Leitungsreizes, zu verknüpfen braucht.

als erster die Tatsache des wellenförmigen Fortschreitens der bioelektrischen Tätigkeitsäusserung festgestellt und die Auffassung begründet, dass sich die Erregung in Form einer elektrischen Welle fortpflanzt. Mit vollem Recht hat B. (spez. **107** — 1904) seine bezügliche Priorität gegenüber L. Hermann vertreten, welcher im wesentlichen B.'s Beobachtungen nur bestätigt und für die negative Schwankung den Ausdruck „einphasischer Aktionsstrom", für die gleichfalls zuerst von B. genauer festgestellte Doppelschwankung den Ausdruck „zweiphasischer Aktionsstrom"[1]) geschaffen hat.

In messenden Versuchen am ausgeschnittenen Froschmuskel (Sartorius oder Adductor magnus et longus) ermittelte B. zunächst (**13** — 1867) den Wert von 3 m als Fortpflanzungsgeschwindigkeit, von 3 σ als örtliche „Dauer" (siehe unten!) des elektrischen Vorganges, von 10 mm als Länge der Reizwelle. Schon damit ergab sich mit Wahrscheinlichkeit die Identität der Geschwindigkeit von Erregungswelle und Kontraktionswelle (zunächst von Aeby mit 1 m bestimmt). Der oben zitierte Wert von 3 σ als örtliche „Dauer" war von B. an einem nicht hochgradig empfindlichen, trägen Galvanometer (Meyerstein'sche Spiegelbussole mit einfachem Magnet oder astatischem Nadelpaar an 1,3 m langem Kokonfaden aufgehängt, ohne Astasierungsmagnet) ermittelt worden. Da B. andererseits damals das Latenzstadium des Muskels nach Helmholtz mit dem relativ hohen Werte von 10—20 σ ansetzte, gelangte er zu der These, dass der bioelektrische Vorgang, wenigstens der Hauptsache nach, innerhalb des Latenzstadiums ablaufe, so dass im Zustande der Kontraktion des Muskels selbst keine Änderung des elektromotorischen Verhaltens zu bemerken sei. Diese Formulierung erwies sich nach späteren Untersuchungen als nicht ganz zutreffend (siehe unten). (Den Beginn der negativen Schwankung bereits im Latenzstadium hatte schon v. Bezold (1861), und zwar auf Grund des sehr geringen Zeitunterschiedes im Beginn der primären und der sekundären Zuckung, ebenso F. Holmgren (1864) nachgewiesen.) — Bei Ableitung von zwei Oberflächenpunkten beschrieb B. als erster — nach einer nur ungefähren Angabe von Meissner und Cohn (1862) — die negativ-positive Doppelschwankung des Muskelstromes, welche bald darauf S. Mayer (1868) mittels des Rheotoms analysierte und später L. Hermann[2]) als „doppelphasischen Aktionsstrom" bezeichnete. Als erster hat B. bereits

---

1) Persönlich halte ich den Ausdruck „Erregungsstrom" für den besten.

2) Derselbe hat die zuerst von B. am Muskel gefundene Doppelschwankung zunächst am Nerven bestätigt (Untersuchungen über die Aktionsströme des Nerven. Pflüger's Archiv Bd. 18 S. 574. 1878 und Bd. 24 S. 246. 1881), was auch B. selbst tat (**52,** spez. S. 217 ff. — 1886).

1867 den Satz formuliert, dass jeder innerhalb der fortschreitenden Erregungswelle gelegene Oberflächenpunkt sich negativ verhält gegen jeden ausserhalb der Erregungswelle gelegenen.

Nach den relativ kurzen Mitteilungen aus dem Jahre 1867 (**13, 14**) über die Erregungswelle am Nerven und am Muskel brachte eine ausführliche Abhandlung (**15** — 1868) die Beschreibung des Rheotoms und die detaillierten Ergebnisse bezüglich des Nervenstroms. Dieselbe wurde später (1871) als erster Abschnitt der Monographie „Untersuchungen über den Erregungsvorgang im Nerven- und Muskelsysteme" (**21**) vollständig wiedergegeben. Ausserdem enthält dieses grundlegende Werk, das auch heute noch jeder junge Physiologe durchstudieren sollte, als zweiten Abschnitt die ausführliche Untersuchung über den zeitlichen Verlauf der negativen Schwankung des Muskelstromes. In Ergänzung der bezüglichen ersten Mitteilung (**13** — 1867) ergeben sich als Mittelwerte 2,5 σ für die Gipfelzeit[1]), 3,9 σ für die „Dauer" der örtlichen Negativität, 2,927 m für die Fortpflanzungsgeschwindigkeit der Reizwelle, 9,75 mm für die Wellenlänge am Muskel im Gegensatze zu 0,6—0,7 σ bzw. 28 m und 18,5 mm am Nerven (**21**, spez. S. 56 — 1871). Bei der geringen Länge der Froschmuskeln nimmt also die Erregungswelle nur etwa $^1/_5$ bis $^1/_3$ der Muskelfaserlänge ein, hingegen ein nur kleiner Teil ($^1/_7$ bis $^1/_4$) der Kontraktionswelle schon die ganze Faserlänge [2]). Speziell betont B. das Nachlaufen der ca. 210 mm langen Kontraktionswelle, an welcher sich am ausgeschnittenen Muskel ein deutliches Intensitätsdekrement ergab, hinter der etwa 10 mm langen Reizwelle mit etwa 20 mm Intervall (bei 0,01″ Latenzstadium und 3 m Fortpflanzungsgeschwindigkeit — vgl. **21**, spez. S. 59, 90). B. formulierte damals den heute allerdings nicht mehr aufrechtzuerhaltenden Satz: „Jedes Element der Muskelfaser vollzieht erst den Prozess der negativen Schwankung, bevor es in den Zustand der

---

1) Obiger Wert war von B. für die Gipfelzeit der ersten Phase der doppelsinnigen Erregungsschwankung am M. gastrocnemius des Frosches bei indirekter Reizung bestimmt worden. Am M. sartorius des Frosches fand L. Hermann (Versuche mit dem Fallrheotom über die Erregungsschwankung des Muskels. Pflüger's Archiv Bd. 15 S. 233. 1877) mittels des Fallrheotoms eine Gipfelzeit von 1,1—1,5 σ. S. Garten (Über rhythmische Vorgänge im quergestreiften Skelettmuskel. Abh. d. Sächs. Ges. d. Wiss. Bd. 26 Nr. 5. 1901; Beiträge zur Kenntnis des Erregungsvorganges der Nerven und Muskeln des Warmblüters. Zeitschr. f. Biol. Bd. 52 S. 534. 1909) erhielt am M. sartorius des Frosches an der Stelle direkter Reizung 1,6—2,0 σ — nach Fortpflanzung über 20 mm Strecke 2,4—3,6 σ —, am M. gastrocnemius des Kaninchens bei indirekter Reizung 2,0 σ Gipfelzeit und 8—10 σ Gesamtdauer der Erregungsschwankung.

2) Die damaligen Betrachtungen B.'s gewinnen spezielles Interesse angesichts der Theorie der kleinsten Wellen von M. Heidenhain (Plasma und Zelle II. S. 669ff. Jena 1911).

Kontraktion eintritt" (**21**, S. 60, 92, 158). Die Erregungswelle betrachtet B. als notwendige Vorbedingung der Kontraktionswelle (S. 92).

B. stellte auch als erster (**21**, S. 68) den wichtigen äusseren Unterschied fest, dass die negative Schwankung am Muskel nur bis zur Nullinie herabführen, beim Nerven jedoch über die Nullinie des Nervenstromes (d. h. seines manifesten Teiles!) hinunter zur Positivität führen kann. — Entsprechend dem Leitungsdekrement am ausgeschnittenen Muskel fand B. bei Untersuchung der negativ-positiven Doppelschwankung einen deutlichen Unterschied in der „Dauer" (0,0039" und 0,0058"), ebenso eine geringere Gipfelhöhe im zweiten Falle (**21**, S. 64): es ergab sich also beim Fortschreiten eine Abnahme der Erregungswelle wie auch der Kontraktionswelle (**21**, spez. S. 93) an Geschwindigkeit und Grösse, die wir heute als Folge des Leitungsdekrements am erstickenden Muskel auffassen. B. betrachtete allerdings damals die Abnahme der Erregungswelle bei der Ausbreitung im Muskel — im Gegensatze zum Nerven — als einen normal-physiologischen Vorgang und bezog dieses Verhalten auf Umwandlung von Molekelbewegung in Massenbewegung im Muskel (**21**, spez. S. 92ff.). Für den Muskel ist B. der Ansicht, den experimentellen Nachweis erbracht zu haben, dass die Intensität der Erregung eine Funktion der Reizwelle ist (**21**, spez. S. 232).

Über die Fortpflanzungsgeschwindigkeit der Kontraktionswelle in der Muskelfaser stellte B. selbst (**21**, spez. S. 76ff.) neue Versuche an, und zwar mit Dickenschreibung am ungespannten Muskel — unter schrittweisem Wandernlassen des Querbügels entlang dem Muskel. Er erhielt gegenüber Aeby (1 m) und Engelmann (1,17 m) den besseren Wert von $G = 3,2 - 4,4$ m, Mittelwert 3,869 m, wobei er zur Messung zweckmässigerweise den Horizontalabstand der Wendepunkte der Zuckungskurven, nicht jenen der unscharfen Abhebungspunkte benutzte. Als Wert für das Latenzstadium ergab sich 0,0145—0,0226", als lokale Dauer der Kontraktionswelle 0,0533—0,0984", als Länge der Kontraktionswelle 198,5—380,0 mm. Bei niedriger Temperatur fand sich eine längere Dauer der örtlichen Verdickung mit längerem Verharren auf dem Maximum, eine deutliche Zunahme der Länge der Kontraktionswelle.

Als interessante Reminiszenz sei hervorgehoben, dass B. zuerst die Anregung ausgesprochen hat (**21**, spez. S. 92, 242 — 1871), die Frequenz der Erregungswellen oder Aktionsströme bei willkürlicher wie bei reflektorischer Erregung zu messen, also Elektromyogramme aufzunehmen.

Der dritte Abschnitt der klassischen Monographie (**21**) bietet Beobachtungen und Betrachtungen über den Zusammenhang von Erregung und Reizwelle am Nerven und Muskel. B. beschreibt zunächst seinen akustischen Stromunterbrecher, welcher einerseits — je nach Länge und Dicke der schwingenden Feder — eine Variation der Frequenz der Stromunterbrechungen (in B.'s Versuchen von 100—1400 Schwingungen pro 1″) gestattet, andererseits durch Verwendung eines Quecksilberkontaktes unter Alkohol hohe Gleichmässigkeit der Einzelreize verbürgt. B. entdeckte damit die Erscheinung einer bloss anfänglich starken, von schwachem Tetanus gefolgten Kontraktion, der sogenannten Anfangszuckung des Muskels[1]), bei Zufuhr von

---

1) Ein alleiniges Übrigbleiben von Anfangszuckung ohne jeglichen anschliessenden Tetanus konnte B. auch bei 1760 Reizen pro 1″ nicht erreichen. Ein bezügliches Missverständnis von H. Kronecker (Monatsber. d. Berl. Akad. 6. Dez. 1877) konnte B. zurückweisen (**37** — 1878). — Auch bei frequenter Reizung des N. ischiadicus am Kaninchen konnte B. später (**28** — 1875) den über 300 Reizen leiser werdenden Muskelton bis zu b″ = 928 Schwingungen eben noch in gleicher Höhe wahrnehmen; darüber hinaus zum Beispiel bei Reizung mit c‴ = 1056 S vom Nerven aus war der Muskelton um eine Quinte (f″ = 704 S) oder um eine Oktave (528 S) niedriger, ohne dass ein entsprechender Nebenton im Reizapparat nachweisbar gewesen wäre. Die Grenze für das Schwächerwerden fällt mit der Grenze für Auftreten der Anfangszuckung zusammen. Aus dem Ergebnis einer gewissen Selbständigkeit der Muskeltonhöhe (vgl. auch den tiefen Muskelton bei sogenannt chemischer Reizung durch Kochsalz) schloss B. auf Veranlagung des Muskels zu einer natürlichen Periodik der Reaktionsweise.

Bei einer detaillierten Analyse der Anfangszuckung fand K. Schoenlein (**XV** — 1882) unter B.'s Leitung, dass Anfangszuckung auch an einem Sekundärpräparat zu beobachten ist, und zwar auch schon bei geringerer Reizfrequenz, wenn nämlich der primäre Muskel ermüdet ist. Bei Verstärkung der Reize geht die Anfangszuckung bei jeder Reizfrequenz in Tetanus über, bei extremen Reizen wieder in Anfangszuckung. Dieselbe erscheint nach der Kurvenform als einfache Zuckung; bei stärkeren Reizen treten ganz kurze Tetani auf. Schoenlein betrachtet die erste Zuckung als einen Spezialfall des Helmholtz'schen Gesetzes, nach welchem sich untermaximale Reize noch summieren, wenn ihr Abstand geringer ist als das Latenzstadium. Die erste Zuckung ist hervorgerufen durch Summation durchaus unterwertiger, zur Auslösung einer Kontraktion einzeln nicht hinreichender Reize. Daraufhin stellte sich Sch. das Problem, ob nicht ein Muskel durch längerdauernde Induktionsreizung zu rhythmischen Kontraktionen gebracht werden könne (analog dem Herzmuskel); er fand auch tatsächlich ein solches Verhalten am Wasserkäfermuskel (2—6 Zuckungen pro 1″ bei Reizfrequenz 880 bis 1500). — Für das Zustandekommen der ersten Zuckung kommen zweifellos mehrere Momente in Betracht, und zwar: 1. Interferenz der Erregungen (das heisst wohl besser: Refraktärphase); 2. erregbarkeitssteigernde Nachwirkung unterschwelliger Reize, sogenannte latente Addition; 3. Ermüdung des Übertragungsapparates zwischen Nerv und Muskel.

B. selbst (**131** — 1916) hat mittels seines geradlinigen Induktoriums einwandfrei nachgewiesen, dass bei indirekter Wechselstromreizung die Stärke der Muskelerregung bis zu einer Reizfrequenz von gegen 200 wächst, darüber hinaus nicht mehr, und bringt dieses Verhalten ebenso wie bereits 1871 in Zusammenhang mit der Dauer der Erregungswelle bzw. der refraktären Periode. Mit obiger Feststellung erscheint auch der Einwand

mindestens 224—360 Reizen pro 1″ (S. 108) [1]). B. brachte die Anfangszuckung in ursächlichen Zusammenhang mit der örtlichen „Dauer" der
Erregungswelle im Muskel (von etwa $1/_{250}$″), und zwar in der Weise,
dass „die Anfangszuckung bei schnellfolgenden Reizen aufzutreten
beginnt, sobald die entstehenden Reizwellen anfangen, einander zu
decken" [2]) (21, spez. S. 116), und um so schwächer wird, je mehr die
Reizwellen übereinanderfallen (S. 127). Es trete damit eine Art Interferenz ein [3]) (S. 232). B. regt eine Untersuchung des Verhaltens der

---

von J. K. A. Wertheim-Salomonson erledigt, dass die Anfangszuckung
eine rein physikalische Folgeerscheinung sei (Über Anfangs- und End-
zuckung bei Reizung mittels frequenter Wechselströme. Pflüger's Arch.
Bd. 103 S. 124. 1904).

1) Der Frage, in welcher Beziehung die im Muskel freigemachte Menge
an Spannkraft zur Reizfrequenz steht, widmete B. eine eigene Experimentaluntersuchung (47 — 1883). Für diese konstruierte er einen neuen
Kraftmesser, welcher auf dem Prinzipe der hydrostatischen Wage beruht.
Der Muskel übt durch eine besondere Umschaltevorrichtung einen Druck
auf die Gummimembran einer mit Wasser gefüllten Metallkapsel. Der
Druck wird durch ein angeschlossenes offenes Quecksilbermanometer gemessen, das mit einem schreibenden Schwimmer versehen ist. Es ergab
sich ein Ansteigen der freigemachten Spannkraft bei Wachsen der Reizfrequenz bis 50 oder 108 pro 1″, darüber hinaus keine deutliche Abnahme
der Kraft.

2) Die Anfangszuckung in B.'s Versuchen, in welchen durch Aufhebung einer Nebenschliessung im sekundären Kreise des Induktions-
apparates mit akustischem Stromunterbrecher gereizt wurde, ist nicht
etwa auf eine physikalische Komplikation — nämlich höhere Intensität
des ersten Reizes der Serie (wie dies bei Schliessung des primären Stromes
bzw. bei Beginn der Federschwingung der Fall wäre!) — zu beziehen.
B. hat dies mit Recht gegenüber Setschenow's Einwand (Pflüger's
Archiv Bd. 5 S. 114. 1872) hervorgehoben (22 — 1872).

Den korrekten Verlauf der Induktionsströme am akustischen Stromunterbrecher sicherte B. noch durch Beseitigung des Öffnungsfunkens —
eventuell unter Einschalten eines Galvanometers mit Nebenschliessung in
den primären Kreis zur Kontrolle (47 S. 93 — 1883). Er verwendete zu
jenem Zwecke einerseits an der Rolle des Unterbrechers eine Nebenschliessung aus 1 m induktionsfrei gewickelten, 0,2 mm dicken Kupfer-
drahtes oder aus einem Fläschchen mit Cu-Polen in $CuSO_4$-Lösung (bzw.
Zn in $ZnSO_4$), andererseits noch eine zweite Nebenschliessung (11,5 m
eines 0,4 mm starken Cu-Drahtes) für die primäre Spirale des mit dem
Unterbrecher verbundenen Induktoriums (37 S. 123 — 1878; 47, spez. S. 94 —
1883). Es wird dadurch eine weitgehende Gleichwertigkeit der einzelnen
Unterbrechungsakte und eine nahezu vollkommene Ausgleichung von
Schliessungs- und Öffnungsstrom erreicht.

3) Bei Versuchen über Anfangszuckung und Schwellenbestimmung
für Reize verschiedener Frequenz ist sehr wohl zu berücksichtigen, dass
die Intensität der Einzelinduktionsströme herabgehen muss, sobald die
Schliessungsdauer unter die Zeit sinkt, welche der primäre Strom braucht,
um unter Kompensierung der sich entgegenstellenden Schliessungsextra-
ströme bis zur konstantbleibenden „vollen" Höhe anzusteigen. Unter-

negativen Schwankung nach Doppelreizung mittels Rheotom an
(S. 233). — Heute schliessen wir, dass bei einer so raschen Reizfolge
der zweite Reiz bereits in das durch den ersten Reiz gesetzte rela-

---

halb dieses Wertes wird die Intensität der Einzelreize mit wachsender
Unterbrechungsfrequenz bzw. mit abnehmender Schliessungsdauer immer
geringer, nähert sich also dem Schwellenwert für den gegebenen Muskel,
um schliesslich unterschwellig zu werden. (Zuerst von E. du Bois-
Reymond erkannt, Ges. Abt. I. S. 254; von B. wiederholt hervorgehoben,
speziell **22** — 1872; **37**, spez. S. 122 — 1878; **47**, spez. S. 95 — 1883.) —
Ein fast momentanes Ansteigen und Abfallen des primären Stromes
und eine fast momentane Dauer der Induktionsströme, welche selbst bei
Unterbrechungen zu mehreren Tausend in der Sekunde nicht übereinanderfallen, lässt sich hingegen erreichen, wenn man als primäre und sekundäre
Leiter nicht Spiralen, sondern parallele Zickzackdrähte, also ein sogenanntes
geradliniges Induktorium nach Bernstein (**131** — 1916) verwendet. Auch
muss zu diesem Zwecke der akustische Stromunterbrecher von einer
selbständigen Stromquelle betrieben und die Schliessung und Öffnung
des Primärkreises durch einen mit der schwingenden Feder isoliert verbundenen Hg-Kontakt oder einfach durch einen zweiten, konsonant ge-
stimmten akustischen Stromunterbrecher bewerkstelligt werden, dessen
Spirale in den Kreis des ersten Unterbrechers miteinbezogen ist.
Das wichtige, noch heute nicht erschöpfte Problem des tatsächlichen
Reizverlaufes in unseren physiologischen Apparaten gegenüber dem theoretisch angenommenen behandelte B. durch Studien über den Verlauf
der Induktionsströme (**19** — 1870; **20** — 1871; **60** — 1890). Er erwies
zunächst (**20** — 1871) das Auftreten elektrischer Schwingungen bei In-
duktionswirkung. So liessen sich in einer Spirale nach Öffnung eines
Kettenstromes alternierende Oszillationen nachweisen, welche nach Aus-
weis des Differentialrheotoms durch 1 σ nach der Öffnung ablaufen und
0,1—0,05 σ Einzeldauer haben. Der sogenannte Öffnungsinduktionsstrom
einer offenen sekundären Spirale besteht demnach aus einer Schar raach
abklingender rhythmischer Wechselströme (etwa 10—20), während in
einer dauernd geschlossenen Sekundärspule nur positive Phasen auftreten, jedoch durch längere Zeit (2—3 σ). Ganz Analoges ergab sich
in besonderen Versuchen für den Öffnungsvorgang in der primären Spirale.
[Das Vorkommen solcher elektrischer Schwingungen in einer unter grossem
Widerstand geschlossenen Sekundärspirale hatte übrigens bereits
H. v. Helmholtz (Abh. des nat.-med. Ver. Heidelberg 5, 27, 1860 vgl.
auch Pogg. Ann. Bd. 83, S. 505, 1851 und Ges.Abh. I, 429 und 531) vermutet.] B. ergänzte diese Studien an geradlinigen metallischen und
flüssigen Leitern; an den ersteren wurde nur eine Oszillation beobachtet,
an den letzteren hingegen ein mehrfaches Hin- und Herschwingen wie
an einer Spirale (vgl. auch die Abhandlung von Schiller, Pogg. Ann.
Bd. 152, S. 535, 1872). Zwei Dezennien später (**60** — 1890) schloss
B. daran die phototelephonische Untersuchung des zeitlichen Verlaufes der Induktionsströme. Er liess ein schmales Lichtbündel, das
an einem durch einen Steg mit der Telephonplatte in Verbindung stehenden Spiegelchen reflektiert wurde, sich auf photographischem Papier auf-
zeichnen. Die Bilder sind allerdings durch erhebliche Eigenschwingungen
der Telephonplatte gestört, so dass die früher von B. im Prinzip festgestellte Schar rhythmischer Schwingungen bei Öffnung nicht heraus-

tive Refraktärstadium fällt und daher fast unwirksam bleibt [1]).
Aus B.'s Entdeckung ergibt sich nach der heutigen Auffassung jedenfalls, dass das Refraktärstadium am Muskel die damals bestimmte
„Dauer" der negativen Schwankung von etwa $1/_{250}''$ bzw. 4 σ nicht
überschreitet und kleiner ist als das Latenzstadium, welches damals
allerdings auf $0,01—0,02''$ veranschlagt wurde.

B. entwickelte damals (**21**, spez. S. 120ff. — 1871) eine rein physikalische Theorie des Erregungsvorganges in der Nerven- und Muskelfaser, nach welcher die durch Kontraktion sich äussernde Leistung eines
Elementes der Muskelfaser eine Funktion der Erregungswelle sei, und
zwar der Geschwindigkeit, mit welcher sich die Höhe der Reizwelle
in dem betreffenden Element ändert (**21**, spez. S. 125, 133); demnach
erscheint bloss das Reizwellendifferential als bedeutsam.

B. suchte ferner nach **Analogien zur Anfangszuckung** — d. h.
zur Grössenabnahme des Reizeffektes oberhalb einer gewissen Reizfrequenz — an sensiblen Nerven, obzwar diese ja vielfach erst
durch Vermittlung besonderer Sinnesepithelien oder Rezeptionszellen
gereizt werden. An Tastnerven sah B. eine solche Analogie in der
Unterscheidbarkeitsgrenze für Diskontinuität der Reize. Als solche
fand er 2000—4000 (in Bestätigung von Wittich 1869), während
er die Zahl 1600 als Beginn des Übereinanderfallens der einzelnen
Erregungswellen im Nerven berechnete. Das Sehorgan schliesst B. von
der Betrachtung aus, indem er für dieses keine direkte, sondern eine

---

lesbar ist. — Die von B. wiederholt ausgesprochene Mahnung, bei Versuchen mit möglichst kurzer Reizdauer die den Reizverlauf verlängernden
Eisenkerne (vgl. auch M. Gildemeister, Pflüger's Arch. Bd. 131 S. 601.
1910; s. auch E. G. Martin, Americ. Journ. of physiol. **36**, 223, 1915)
aus der primären Spirale zu entfernen, erwies sich als völlig berechtigt.
Gleichverlaufende Induktionsströme von isoperiodischer Schwingung er-
zielte B. durch Verwendung von 12 Daniells und von 20 Siemenseinheiten.
Widerstand im Primärkreis bei Einschaltung einer induktionsfreien Nebenschliessung von 5 Siemenseinheiten.

Von B.s sehr beachtenswerten physikalischen Arbeiten sind wohl die
oben erwähnten Studien über elektrische Schwingungen die wichtigsten.
B. ist damit — gleichwie später W. v. Bezold sowie O. Lodge und
Fitzgerald — zu einem Vorläufer von H. Hertz geworden, der auch
B.s Beobachtungen zitiert. Nach der Faraday-Maxwellschen Theorie
wäre im Anschluß an die Schwingungen in Spiralen ein Wellenvorgang
im freien Raume zu erwarten gewesen, wie ihn später H. Hertz (Wiede-
manns Ann. Bd. 31, S. 421, 1887 und Untersuchungen über die Ausbreitung der elektrischen Kraft. Leipzig 1892) nachwies. (Den Hinweis auf die Beziehungen der Arbeiten von B. und H. Hertz verdanke
ich der Liebenswürdigkeit von Professor Dr. F. Bernstein in Göttingen.)

1) Am menschlichen Muskel hatten Helmholtz und Baxt (Monats-
bericht d. Berl. Akad. 1870 S. 189) bereits bei 2 σ Intervall beginnende,
bei 3,3 σ schon deutliche Superpositionswirkung zweier Reize erhalten.

indirekt-photochemische Einwirkung des rhythmischen Lichtreizes als wahrscheinlich bezeichnet (21, spez. S. 132). Auf dem Gebiete des Gehörssinnes zieht B. das Leiserwerden hoher Töne (schon über 3000 S — erwartet bei 1600 S) als Analogie heran. Gewiss sind B.'s Betrachtungen — zumal angesichts des neueren Nachweises von nervösen Erregungsrhythmen auch bei konstanter Reizung — von Interesse, doch begegnet die Analogisierung und Berechnung für indirekt erregte rezeptorische Nerven erheblichen Einwänden.

Immerhin glaubte B. die Formel für die Erregung im Muskel auch für den Nerven als gültig annehmen zu können, wonach die jeweilige Erregungsgrösse als Funktion des Differentials der Reizwelle nach der Zeit erscheint — ähnlich wie nach E. du Bois-Reymond die Erregung durch zugeführte elektrische Ströme nur vom Differential der Stromstärke abhängig ist. Muskel und Nerv werden sonach als „Differentialreagenten" [A. v. Tschermak[1])] κατ' ἐξοχὴν betrachtet. — Den Erregungsvorgang selbst erklärte B. in seiner Monographie (21, spez. S. 142) zunächst als einen Vorgang an den elektromotorischen Molekeln im Sinne von E. du Bois, die Erregung als die lebendige Kraft der in Bewegung befindlichen Molekeln — als Schwingung derselben aus ihrer Gleichgewichtslage heraus. B. gelangte daraufhin zu der heute nicht mehr vertretbaren Vorstellung, dass die mechanische Arbeit und die Wärme im Muskel aus der lebendigen Kraft der Erregungswelle hervorgehe (21, spez. S. 155).

Der vierte Abschnitt von B.'s klassischer Monographie (21 — 1871) behandelt den Erregungsvorgang in den empfindenden Nervenzentren. B. suchte nach indirekten Beweisgründen für die Annahme bioelektrischer Erregungswellen und seiner daraus abgeleiteten theoretischen Vorstellungen auch bezüglich der sensiblen Zentralorgane. Er weist zunächst die alte Vorstellung eines Überspringens der Erregung von einer Nervenfaser auf die andere, speziell die Hypothese von der sogenannten Querleitung im Rückenmark, auch das praktische Vorkommen von sekundärer Reizung einer Faser durch die Erregungswelle in der anderen zurück (S. 169). B. machte hiebei die Annahme (21, spez. S. 171, 177) eines Intensitätsverlustes der Erregung in den Ganglienzellen infolge erhöhten spezifischen Widerstandes — im Gegensatze zu einer widerstandslosen Ausbreitung in den Nervenfasern. Mit Hilfe dieser Annahme suchte er bereits 1868 (17) und nunmehr ausführlicher (21, spez. S. 178ff.) das psychophysische Gesetz Fechner's, dessen Wert und Gültigkeit wir heute allerdings ziemlich kritisch beurteilen, zurückzuführen auf Irradiation, d. h. flächenhafte Ausbreitung im Zentrum, und auf einfache Proportionalität, indem die Stärke der Empfindung der Zahl der im Zentrum erregten Elemente

---

1) S. speziell Allgemeine Physiologie I (1), spez. S. 21. Berlin 1916.

parallel gehe (S. 177, 202). Der Verlust an Erregungsgrösse, welcher in der Nervenzelle erfolge, entspreche der zur Auslösung der Empfindung aufgewendeten Kraft. Die sogenannte Irradiation bezieht B. auf Querausbreitung der Erregung im Zentralorgan von Zelle zu Zelle unter Intensitätsabnahme, entsprechend einem charakteristischen Widerstand (17 — 1868, sowie 21, spez. S. 237).

Nach diesen Gesichtspunkten sucht B. die Erscheinung der Weberschen Empfindungskreise des Tastsinnes der Haut zu erklären. Die örtliche Unterscheidbarkeit von zwei Eindrücken wird darauf bezogen, dass die Koinzidenzfläche der beiden Irradiationskurven im Zentralorgan eine merkliche Einsenkung bzw. zwei Maxima aufweist — was dann eintritt, wenn das Zusammenfallen erst ausserhalb der Wendepunkte beider Kurven erfolgt. In besonderen Versuchen (21, spez. S. 194, 198) fand B. die Reizstärke ohne Einfluss auf die Grösse des Empfindungskreises (S. 194ff.). Der Ort des Reizes wurde stets in das Maximum der summativen Empfindungskurve verlegt (S. 193). — Wenn auch der moderne Sinnesphysiologe, gar ein Vertreter der exakt-subjektivistischen Auffassung wie der Verfasser dieses Lebensbildes, sich mit vielen Ausführungen dieses Abschnittes von B.'s Monographie nicht identifizieren wird, so muss doch der Anregungswert von B.'s damaligen Ausführungen ohne weiteres zugegeben werden. Seine vorzügliche mathematische bzw. graphische Darstellung bleibt ja aufrecht, wenn man auch an die Stelle zentraler Erregungsirradiation eine periphere Reizaberration setzt — beim Drucksinn entsprechend der örtlich verschiedenen Flächenform der als Reiz wirksamen Hautdeformation — und an die Stelle eines „spezifischen Widerstandes in den Zentralzellen" die Unterschiedsempfindlichkeit der gleichzeitig gereizten Elemente des Tastorgans selbst.

Der fünfte Abschnitt behandelt den Erregungsvorgang in den „motorischen" Nervenzentren des Herzens. Im Geiste der damaligen Zeit betrachtete B. die Herzganglien als motorisch, deutete auch den zweiten Stannius'schen Versuch als Folge von Reizung der Atrioventrikularganglien (21, spez. S. 206). B.'s Versuche (S. 208ff.) betrafen hauptsächlich die Einwirkung des konstanten Stromes auf das ausgeschnittene, vom Sinus abgetrennte Froschherz, an dessen isolierter Kammer bereits Eckhard sowie Heidenhain rhythmische Pulsationen bei konstanter Durchströmung beobachtet hatten. B. erhielt nach anfänglicher Totalkontraktion eine längerdauernde Pulsreihe, oft in Serien, während der Schliessung — und zwar auch nach Einschleichen (S. 219). Bei der Öffnung wurde oft wieder Totalkontraktion, jedoch keine Nachdauer der Rhythmik beobachtet. B. bezeichnet die Herzkontraktion als in der Regel am jeweiligen Anodenherzteil beginnend. (Nach einigen eigenen Versuchen scheint dass Verhalten ein kompliziertes zu sein, indem die Kontraktion von Vorhof und Kammer eine nahezu gleichzeitige zu sein scheint, wobei öfters der anodische Herzteil etwas voraneilen mag.) Zur Erklärung nahm B. damals Elektrotonisierung der „motorischen" Herznerven an, welche von den als reflektorischen Zentren betrachteten Atrioventrikularganglien nach Vorhof und Kammer in gegensätzlicher Längsrichtung verlaufen. Die Erregungsleitung vom Vorhof zur Kammer dachte sich B. schon damals als ohne Vermittlung der Atrioventrikularganglien zustandekommend. — Heute werden wir, nachdem eine erregende Wirkung der Kathode, eine hemmende der Anode auch am Herzmuskel sichergestellt ist (Biedermann 1884), B.'s Ergebnisse auf Katelektrotonisierung des „subsidiär automatischen" [nach A. v. Tschermak[1])] atrioventrikularen Verbindungssystems zurückführen, ohne dass damit allerdings die Erklärung bereits vollkommen wäre.

In der Schlussbetrachtung seiner Monographie bezieht B. sowohl die Fähigkeit des Muskels elektromotorisch zu wirken als das Kontraktionsvermögen auf eine gesetzmässige molekulare Anordnung, deren spezielle Natur jedoch zunächst ganz dahingestellt bleiben muss (S. 236). Zudem sprach B. bereits damals (**21**, spez. S. 242 — 1871) den Plan aus, die negative Schwankung an den Vorderwurzeln des Rückenmarkes bei reflektorischer Erregung von den hinteren aus zu untersuchen, den er erst viel später (**83** — 1898) zur Ausführung brachte. Ferner äusserte er die Vermutung (S. 242), dass auch bei künstlicher Reizung der Hinterwurzeln in beliebiger Frequenz die bioelektrische Reaktion der Vorderwurzeln in einem fixen, dem Muskelton der Willkürerregung entsprechenden Rhythmus (von Helmholtz auf 32 pro 1″ angegeben) erfolgen dürfte. Auch könnte die einzelne Reizwelle dabei eine Änderung des Verlaufes erfahren.

Die grundlegende klassische Monographie B.'s, welche wohl die höchste Leistung seines literarischen Schaffens dieser Art genannt werden darf, bezeichnet zugleich eine ganze Reihe von Spezialproblemen, die B. teils selbst weiter verfolgte, teils zur Anregung für fremde Bearbeiter aufstellte. Wir sahen, dass dieser Anregungswert auch heute noch nicht erschöpft ist. — Zunächst sei als Ergänzung zur Monographie eine Untersuchung genannt, welche B. in Gemeinschaft mit J. Steiner über die **Fortpflanzung der Kontraktion und der negativen Schwankung im Säugetiermuskel** (**30** — 1873) ausführte. An dem von der unteren Insertionsstelle abgetrennten

---

1) Vgl. meine Physiologie des Gehirns, Handbuch der Physiologie, herausg. von W. Nagel, Bd. 4 (1), spez. S. 91, Braunschweig 1905 sowie meine Abhandlung über die Inervation der hinteren Lymphherzen bei den anuren Batrachiern. Pflügers Arch. Bd. 119, S. 165, 1907.

und freigelegten, doch noch durchbluteten M. sternocleidomastoideus des Hundes ergab sich als mittlere Fortpflanzungsgeschwindigkeit der unter Dekrement sich ausbreitenden Kontraktion 3,5 m (für den intakten Zustand auf 4—5 m geschätzt). Als Latenzstadium wurden 17—28 σ, als lokale Dauer der Kontraktionswelle 270—500 σ, als Wellenlänge 1050—1928 mm ermittelt. Die letzteren Werte sind etwa 5—7 mal so gross als beim Frosche (im Mittel 76 σ bzw. 240 mm); für den Kaninchenmuskel in situ reduzieren sich dieselben auf etwa 80 σ bzw. 280 mm (Oberschenkel) bzw. 147 σ oder 515 mm (Wadenmuskulatur). Für die Fortpflanzungsgeschwindigkeit der Erregungsschwankung ergaben sich an Kaninchenmuskeln Werte zwischen 2 und 6 m, an „Dauer" der Schwankung 1,8—3,4 σ. Mit zweifellosem Rechte bezeichnete B. später (77 — 1897) seine mit Verdickungsschreibung am ungespannten Froschmuskel erhaltenen Werte von 3—4 m Fortpflanzungsgeschwindigkeit (von L. Hermann mit 3 m bestätigt) als einwandfreier wie die von Th. W. Engelmann nach anderem Verfahren ermittelte Zahl von 6 m. Auch bestritt B. die Angabe desselben Autors, dass die Geschwindigkeit der Erregungsausbreitung von der Reizstärke unabhängig sei; zu Anfang des Wachsens der Reizstärke sei eine Zunahme, über ein bestimmtes Reizmaximum hinaus Konstanz festzustellen (77 — 1897; 82 — 1898). — Sachlich schliesst sich hier an das Ergebnis einer später ausgeführten Untersuchung B.'s über die Latenzdauer am ausgeschnittenen Froschmuskel (75 — 1897). Bei photographischer Registrierung der lokalen Dickenänderung mittels Spiegelchen (Reflexionsmethode nach Joh. Czermak) fand B. den wohl korrektesten [1]) Latenzwert von mindestens 4,8 σ und darüber, während Tigerstedt [2]) bei Registrierung der Zuckung des Gesamtmuskels Werte bis 3 σ hinunter bzw. 4—6 σ als Mittel (gegenüber dem Mittelwert von 10 σ nach Helmholtz) angegeben, ja — gewiss mit Unrecht — das Bestehen eines wahren Latenzstadiums überhaupt bezweifelt, bzw. mechanische Latenz und Gipfelzeit der negativen Schwankung als Grössen gleicher Ordnung erklärt hatte.

Besonders wichtig sind B.'s weitere Untersuchungen und Ausführungen über die Dauer der Erregungsschwankung und über das Verhältnis von Reizwelle und Kontraktionswelle. Er gelangte dabei zu einer gewissen Korrektur seines ursprünglichen

---

1) Vgl. die Ausführungen in Anm. 2 S. 60.

2) R. Tigerstedt, Untersuchung über die Latenzdauer der Muskelzuckung in ihrer Abhängigkeit von verschiedenen Variabeln. Du Bois' Arch. f. Physiol. 1885 Suppl. S. 111. — Vgl. auch J. Gad's Wert von 4 σ als kürzestes Latenzstadium am Gastrocnemius bei Zuckung des Gesamtmuskels (Über das Latenzstadium des Muskelelementes und des Gesamtmuskels. Du Bois' Arch. f. Physiol. 1879 S. 250).

Standpunktes über die „Dauer" der negativen Schwankung (vgl. oben S. 10, 11, 12, 13). Seine ursprünglichen Messungen mit etwa 4 σ als „Dauer" beschränkten sich eben auf den markanten Teil der Schwankungskurve bis zum Wendepunkt des abfallenden Astes (so speziell von B. betont 76, spez. S. 350—351 — 1897). Schon 1871 (21, spez. S. 52) hatte B. bei 10 Reizen in der Sekunde eine über das ganze Intervall zweier Reize reichende negative Nachwirkung beobachtet. Bei neuerlicher Erörterung des zeitlichen Verhältnisses von Erregungswelle und Kontraktionswelle betonte er später (55, spez. S. 94 ff. — 1888), dass zwar der elektrische Prozess während des ersten Ansteigens der Muskelkontraktion schon sein Maximum erreicht und meist schon überschritten hat, dass jedoch die sehr rasch gipfelnde Schwankung langsamer absinkt und mit einem allmählich verschwindenden Ende schliesst. Dies konnte beim Rheotomverfahren, wo sich bei periodischer Reizung eine ständige negative Nachwirkung ergibt, nicht festgestellt werden, wurde aber von L. Hermann[1]) bei einmaliger Reizung nachgewiesen. — Demgemäss sei ein wirklicher „Endpunkt" nicht zu bestimmen; nur schematisch wird der sich deutlich abhebende Gipfelteil bis zum Wendepunkt der Dekreszente als „Schwankungsdauer" bezeichnet. Daneben ist jedoch ein länger dauernder negativer Rest nicht zu verkennen[2]). Dieses langsam ablaufende Ende der Schwankung fällt je nach dem Ermüdungs- und Ernährungszustand des Muskels mehr oder weniger weit in den Anfang der Kontraktion hinein[3]). Gleichwohl bleibe der in der negativen Schwankung zum Ausdruck gelangende Erregungsprozess die notwendige Vorbedingung für das Zustandekommen der mechanischen Leistung. Allerdings muss die Schwankung noch nicht ihr Maximum erreicht haben[4]), damit es zu einer Zuckung kommt. Nur entspricht die Kreszente der Schwankung der Spannkraftsauslösung, und ist tatsächlich ein grosser Teil der Schwankung verstrichen, ehe die Zuckung anhebt. Bei dem späteren Studium des in die

---

1) L. Hermann, Versuche mit dem Fall-Rheotom über die Erregungsschwankung des Muskels. Pflüger's Arch. Bd. 15 S. 233. 1877.

2) Angesichts der neueren Zeitdauerbestimmungen am Saitengalvanometer, welche zum Beispiel am M. gastrocnemius des Kaninchens einen Wert von etwa 9 σ ergeben haben (vgl. S. Garten, Zeitschr. f. Biol. Bd. 52, S. 534, 1909), ist allerdings Vorsicht geboten, um nicht die Dauer der negativen Schwankung hinwiederum zu überschätzen.

3) Ein analoges Verhalten der nach etwa 0,13" gipfelnden Erregungswelle und der erst 0,1—0,29" später beginnenden Kontraktionswelle hat R. F. Marchand (IX — 1877; vgl. auch X — 1878) unter B.'s Leitung am Herzmuskel des Frosches festgestellt. Derselbe bezeichnete auch auf Grund des kontinuierlich-stetigen Ablaufes der Erregungswelle die Herzkontraktion als Zuckung, nicht als Tetanus.

4) Vgl. allerdings die Angaben über sehr kurze Gipfelzeiten Anm. 1 S. 12

Kontraktionsphase hineinfallenden Restteiles der Schwankung sind diese Vorbeobachtungen und Definitionen B.'s mehrfach nicht beachtet und daher seine Verlegung der „Erregungswelle" in das Latenz-stadium zu Unrecht kritisiert worden [1]).

Für das zeitliche Verhältnis von Erregungsschwankung und Muskeltätigkeit war auch B.'s Nachweis (64 — 1890; vgl. auch Hesselbach XXI — 1884) recht interessant, dass der von ihm erstmalig nachgewiesene Zuckungsschall am Frosch- wie Kaninchenmuskel schon mit dem Beginn der Erregungs-schwankung, also im Latenzstadium, einsetzt [2]). Wir hören also nicht die erst später einsetzende mechanische Muskelaktion bzw. die Spannungsänderung, sondern bereits den Molekularprozess, dessen elektrisches Zeichen die Erregungsschwankung ist. Der mittels Telephon hörbare Schwankungsschall und der daneben mittels Stethoskop zu-geführte Zuckungsschall fallen für das menschliche Ohr zusammen, obzwar dieses noch Schallstösse von 2 σ Intervall zu unterscheiden vermag. B. verwendete bei dieser Untersuchung den sehr zweck-mässigen Kunstgriff, die lebenden Muskeln in Gips einzuschliessen, wodurch jede Formänderung ausgeschlossen ist.

Bezüglich des Nervenstromes führte eine von B. angeregte und unter seiner Leitung ausgeführte Arbeit L. Hellwig's (XXXIX — 1896)

---

1) So speziell von Fr. Lee, Über die elektrischen Erscheinungen, welche die Muskelzuckung begleiten. Du Bois' Arch. 1887 S. 210.

2) Es läge nahe, diesen Befund für den Herzmuskel zu verwerten. Bei der komplizierten Natur und Erscheinungsweise des Ekg lässt sich allerdings nicht der genaue Beginn der bioelektrischen Erregungsschwan-kung für den mechanisch wirksamen Anteil der Herzmuskulatur feststellen, da sich dieselbe mit jener für den reizleitenden Anteil kombiniert. Wohl aber wäre das zeitliche Verhältnis vom Beginn des ersten Herztones und Beginn der mechanischen Leistung genauer fest-stellbar. Die vorliegenden Zahlenangaben beschränken sich auf das Intervall von Beginn des ersten Herztones und Beginn der Kammererhebung des Spitzenstosses beim Menschen. W. Einthoven und M. A. J. Geluk (Pflüger's Arch. Bd. 57 S. 617. 1894) geben dafür den Wert 0,014″ an bei 0,78″ Dauer der Herzperiode; H. Gerhartz (Pflüger's Arch. Bd. 131 S. 509. 1910) setzt hingegen den Beginn des ersten Herztones 0,012″ nach Beginn des Kammerspitzenstosses. In letzter Zeit haben übrigens C. J. Wiggers und A. Dean (Proceed. Soc. Exp. Biol. Vol. 14, p. 12, 1916) eine Zusammensetzung des ersten Ventrikeltones aus drei Komponenten nachgewiesen, von denen die erste — bestehend aus ein bis zwei Initialschwingungen — bereits während der Vorhofs-erschlaffung beginnt und in schwankendem Intervall dem Anstieg des intraventrikularen Druckes vorangeht, die zweite hingegen — bestehend aus 7—13 unregelmässigen Hauptschwingungen — mit dem Anfang des Druckanstieges zusammenfällt, die dritte endlich — bestehend aus einer wechselnden Zahl von Finalschwingungen — in die Austreibungsperiode fällt.

zu dem Ergebnis, dass die künstlichen Querschnitte eines Nerven eine allerdings nicht ganz regelmässige Potentialdifferenz — einen sogenannten Axialstrom — erkennen lassen [1]), welche mit der Länge der Nervenstrecke zunimmt, im Laufe der Zeit absinkt, bei Erregung eine negative Schwankung erkennen lässt.

Von speziellem Interesse ist ferner die Vorarbeit B.'s zu der uns seit Ad. Fick so geläufigen bedeutsamen Scheidung von Auslösbarkeit (Schwellenreizbarkeit oder Reizbarkeit im engeren Sinne) und Leistungsfähigkeit, obzwar diese Bezeichnungen bei ihm damals noch fehlen [2]). Er fand nämlich in einer besonderen Experimentaluntersuchung (26 — 1874), dass im Anelektrotonus des Nerven zwar die Schwellenreizbarkeit sinkt, jedoch das Maximum der durch starke Reize am Muskel ausgelösten Erregung steigt: Maximalzuckung und Maximalschwankung wachsen im Anelektrotonus — erstere bis zu einem bestimmten Maximum, letztere ohne feststellbare Grenze —, während im Katelektrotonus das Umgekehrte gilt. In der Parallele von Zuckung und Schwankung sieht B. übrigens eine neue Übereinstimmung zwischen dem Verhalten des bioelektrischen und des zuckungserregenden Vorganges. — B.'s Ideen knüpfen sich an die bereits bei Pflüger angedeutete Scheidung von „hemmender Kraft" und „angesammelter Spannkraft". Er findet, dass obige Tatsachen [3]) zu einer Vereinigung der Pflüger'schen Theorie von der Wirkung des konstanten Stromes und der elektrischen Molekulartheorie von E. du Bois-Reymond führen (Abnahme der Beweglichkeit der Molekeln bei Zunahme ihrer Spannkraft im Anelektrotonus). Immer wieder — so speziell hier (26, spez. S. 58 — 1874) — betonte B. die Willkür einer Scheidung von Physik und Chemie auf dem Gebiete der Erregungsphysiologie; schon 1874 bezeichnete er „chemische Affinität und elektrische Anziehung als nahe verwandt".

Hier sei auch der wichtigen Untersuchungen B.'s gedacht über den zeitlichen Verlauf der elektrotonischen Ströme des Nerven [4]) (39 — 1880; 51, 52 — 1886). Dieselben führten — sowohl

---

1) In Bestätigung von E. du Bois-Reymond., Ges. Abh. II. S. 196 und 230, 1877, und M. Mendelssohn, Über den axialen Nervenstrom. Du Bois' Arch. 1885 S. 381.

2) Später kam B. wiederholt auf diese Scheidung zurück, so speziell 35, spez. S. 324ff. — 1877, 116, spez. S. 133 — 1908. Vgl. auch A. Tschermak (L, spez. S. 230 — 1902).

3) Seine Beobachtungen hielt B. in einer Polemik (27 — 1874) mit L. Hermann (Zur Aufklärung und Abwehr. Pflüger's Arch. Bd. 9 S. 28. 1874) aufrecht.

4) B. war der erste (1880, 1886 — reklamiert 107—1904), welcher die Entwicklung und Fortpflanzung der elektrotonischen Ströme am Nerven maass — eine Untersuchung, welche L. Hermann wiederholte

bei Längs-Querschnitt- wie bei Längs-Längsschnittableitung — zu dem teilweise bereits von Tschirjew[1]) (1879) erhaltenen Ergebnis, dass diesen Strömen eine messbare Entwicklungszeit zukommt. Die Ausbreitung des Anelektrotonus erfolgt nach B. mit einer Geschwindigkeit von 8 m (6—16 m) pro Sekunde, jene des Katelektrotonus mit ähnlicher Grössenordnung (nach der einen Methode 3,29—5,64 m, nach der anderen 9,47 m — wahrscheinlich 9—10 m). Der katelektrotonischen wie der anelektrotonischen Schliessungswelle eilt die negative Erregungsschwankung bzw. der doppelphasische Aktionsstrom voran. Der konstante Strom vermag dabei, sowohl in aufsteigender als in absteigender Richtung verwendet, unter Umständen eine absolutnegative, d. h. zur Umkehrung des manifesten Nervenstroms führende Erregungsschwankung auszulösen. — Den Ergebnissen B.'s traten später solche aus der Schule L. Hermann's[2]) gegenüber, welche bei Benützung eines Fallrheotoms keine Entwicklungszeit, also keine wellenförmige Ausbreitung des Elektrotonus, speziell des Anelektrotonus, feststellen konnten. Die Verschiedenheit der Resultate ist meines Erachtens noch nicht aufgeklärt; die Ergebnisse B.'s könnten sich auf die physiologische, jene von Hermann auf die physikalische Seite des Elektrotonus im Sinne E. Hering's beziehen[3]).

Spezielle Untersuchungen widmete B. (65 — 1890) — im Anschlusse an E. du Bois-Reymond[4]) und Hermann[5]) — der recht reizvollen Frage nach der inneren Polarisation des leitenden Gewebes, speziell dem Ablauf der Depolarisation, d. h. des Nachstromes nach Öffnung eines dem Muskel zugeführten konstanten Stromes[6]). Es

---

und in ihren tatsächlichen Ergebnissen vollkommen bestätigte (Pflüger's Arch. Bd. **35** S. 1. 1885 und Bd. **71** S. 237. 1889).

1) S. Tschirjew, Über die Fortpflanzungsgeschwindigkeit der elektotonischen Vorgänge der Nerven. Du Bois' Arch. 1879 S. 525. .

2) L. Hermann (mit v. Baranowski und v. Garré), Über die Geschwindigkeit, mit welcher sich der Elektrotonus im Nerven verbreitet. Pflüger's Arch. **21**, 446, 1880.

3) Vgl. W. Biedermann, Elektrophysiologie S. 683, 697ff. Jena 1895; A. v. Tschermak, Elektrophysiologie. In W. Ellenbergers' Handbuch der vergl. Physiologie der Haustiere S. 506, spez. S. 525. Berlin 1910.

4) E. du Bois-Reymond, Ges. Abh. zur allg. Muskel- und Nervenphysik. Nr. II S. 13 und Nr. XX S. 191; Untersuchungen II (2) S. 377.

5) L. Hermann, Untersuchungen über die Polarisation der Muskeln und Nerven. Pflüger's Arch. Bd. **42** S. 1. 1888.

6) Bezüglich der Ionenkonvektion bei Polarisation bemerkte B. (**66** — 1890) gegenüber N. v. Regéczy's Missverständnissen (Pflüger's Arch. Bd. 45 S. 620. 1889), dass bei Zuleitung eines konstanten Stromes zu Muskel oder Nerv innere Polarisation, d. h. Ionenabscheidung an Elementen des Gewebes, die gegenüber der umgebenden Flüssigkeit polarisierbar sind, eintritt und sich daher unter der äusseren Anode eine innere Kathode bildet, an der sich Kationen, z. B. H·, Na·, sammeln.

.wurde der zeitliche Verlauf schon in den ersten Momenten nach der Öffnung unter Rheotombenützung festgestellt (beginnend von etwa 0,7—0,8 σ bei Ableitungsdauer von etwa 1,5 σ nach Einzelpolarisationen von 7,6—9,1 σ), und zwar bei reizloser Durchströmung nach Anlegung von zwei künstlichen Querschnitten oder unter einfacher Querdurchströmung des Muskels[1]). B. fand recht erhebliche Polarisationswerte, die in sehr kurzer Zeit erreicht wurden — so als Maximalwert der Querpolarisation, die bedeutend stärker ist als die Längspolarisation[2]), 587,1 Millivolt, was bei einem Muskelfaserdurchmesser von 65,5 μ als Einzelfaserwert 2,189 m V ergibt. Die Depolarisationskurve weicht erheblich von einer logarithmischen ab. B. betrachtet die Polarisation an der Grenze von lebender und toter Muskelsubstanz als die weitaus stärkste, ebenso die Polarisation am Eintritt und Austritt der Stromfäden als stark überwiegend gegenüber der Polarisation im Faserverlaufe (wie Hermann). Er nimmt an, dass die Muskelfaser noch in polarisierbare Längselemente (Fibrillen bzw. Molekelfäden) zerfällt.

In einer späteren Arbeit zur Theorie der negativen Schwankung (76 — 1897) betonte B. zunächst seine eigenen Feststellungen über längeres Verbleiben eines negativen Restes nach Ablauf der Erregungswelle und erinnerte weiterhin daran, dass ein Ablaufen des Hauptteiles der negativen Schwankung während des Latenzstadiums natürlich nur für das einzelne Muskelelement gelte, wie es angenähert bei Dickenregistrierung beobachtet wird, nicht aber für einen beliebig langen Muskel im ganzen. An neuen Versuchen bringt B. daselbst solche über den Einfluss der Belastung auf die negative Schwankung des Muskelstromes — ein Problem, das B. und seine Schüler noch weiter beschäftigte. Nach der mehr ungefähren Angabe Lamansky's[3]) aus dem Heidelberger Institute, dass die Grösse der Erregungsschwankung bei Vorbelastung (nicht so bei sogenannter Überlastung!) bis zu einem gewissen Maximum wachse,

---

1) B. (29 — 1875; 50 — 1886) untersuchte auch das zeitliche Entstehen der Polarisation an Platin in verdünnter H_2SO_4 oder HCl mit Hilfe seines Differentialrheotoms. Es ergab sich momentaner oder unmessbar rascher Anstieg zu einem Maximum, weiterhin anfangs rasches, dann langsameres Absinken, welches zwar in den ersten Momenten einer logarithmischen Kurve entspricht, weiterhin jedoch dahinter zurückbleibt. Aus den so erhaltenen Zeitwerten lässt sich die „Abgleichungskonstante" oder der „Depolarisationskoeffizient" berechnen. Für andere Elektroden und Elektrolyte hat Krieg unter B.'s Leitung diesen Wert bestimmt (XXIII — 1884).

2) In Bestätigung von L. Hermann, Untersuchungen über die Polarisation der Muskeln und Nerven. Pflüger's Arch. Bd. 42 S. 1, spez. S. 18. 1888.

3) S. Lamansky, Über die negative Stromschwankung des arbeitenden Muskels. Pflüger's Arch. Bd. 3 S. 193. 1870.

jenseits desselben abnehme, hatte Fr. Schenck [1]) in freilich unvollkommenen Beobachtungen Zunahme der Gipfelhöhe und Erniedrigung des abfallenden Schwankungsteiles angegeben. B. stellte zunächst das Wachsen der Gesamtschwankung, d. h. des Integrals der Einzelschwankungskurve bei Steigen der Arbeitsleistung fest (76, spez. S. 362 — 1897); bei kurzdauerndem Tetanus ergab sich hingegen meist eine Abnahme des Integrals bei zunehmender Belastung (76, spez. S. 371). Eine Beeinflussung des Endteiles der Schwankung bei zunehmender Spannung bezeichnete B. wohl als denkbar (76, spez. S. 367), jedoch als bisher unerwiesen, da bis dahin entscheidende Versuche fehlten. — Solche brachte erst eine spätere, gemeinsam mit A. v. Tschermak ausgeführte Untersuchung mittels des Kapillarelektrometers [2]) (98 — 1902). Dabei wurde der prinzipiellen Forderung

---

1) F. Schenck, Über den Einfluss der Spannung auf die negative Schwankung des Muskelstromes. Pflüger's Arch. Bd. 63 S. 317. 1896.

2) Im Anschlusse hieran wurden in besonderen kapillarelektrischen Versuchen die grundlegenden Beobachtungen von Lippmann (Ann. de chim. et phys. 5. sér. t. 5) über den reversiblen Zusammenhang von kapillarer Bewegung und Potentialerzeugung wiederholt. Dabei konnte A. v. Tschermak (mitgeteilt bei B. 95, spez. S. 272 — 1901) an einer Nachbildung des d'Arsonval'schen Modells (Gummischlauch durch Scheiben von spanischem Rohr in Kammern mit Hg und H_2SO_4 gegliedert) einerseits bei Dehnung wie bei Entspannung bzw. bei akustischen Schwingungen Ströme ableiten, andererseits bei Zuführung von Wechselströmen Verkürzung bzw. akustische Schwingungen erhalten. — Ferner liess sich (B. 96 — 1901) an einer Tropfelektrode, bestehend aus einer mit Hg gefüllten Kapillare, welche innerhalb von H_2SO_4 tropfenweise ausfliesst, das Entstehen eines sehr kurzen Stromstosses (von etwa 0,02″ Dauer) im Momente des Abreissens jedes einzelnen Tropfens nachweisen — entsprechend der Zeit, in welcher sich die Potentialdifferenz zwischen der frischen Hg-Fläche und dem Elektrolyten ausbildet bzw. zu einem konstanten Wert ansteigt.

Auf Grund anderer kapillarelektrischer Versuche (107 — 1904) berechnete B. die Dicke der bei kapillarelektrischen Erscheinungen in Aktion tretenden Schicht zwischen Quecksilber und Schwefelsäure — und zwar unter der Annahme, dass sich an der Berührungsfläche eine molekulare Schicht von HgO bildet, welche bei Applikation der Kathode eines konstanten Stromes durch Konvektion von H· -Ionen zu Hg reduziert wird. Als Wert ergab sich $6,18 \cdot 10^{-7}$ mm, was dem Grössenwert einer Molekel entspricht, während für die molekulare Wirkungssphäre etwa der zehnfache Wert (10^{-5} bis 10^{-6}) anzunehmen ist (vgl. S. 54 Anm. 3.)

B. (98, spez. S. 291 — 1902) bemühte sich auch, in Verein mit A. v. Tschermak (1902), die Ablenkung der Kathodenstrahlen durch Elektromagnetismus — erzeugt durch bioelektrische Ströme — zu deren Nachweis zu benützen. Doch reichten die ihm zu Gebote stehenden Apparate nur zum Nachweise des Muskelstromes aus. In besonderen physikalischen Versuchen (78 — 1897) studierte B. die gegenseitige Abstossung zweier gleichgerichteter Kathodenstrahlbündel (Crookes) und fand mit Hilfe von besonders konstruierten Röhren einen direkten Ein-

entsprochen, dass nur die auf ihr elektromotorisches Verhalten geprüfte Längsschnittpartie des Muskels auch als arbeitende Strecke benutzt und verschiedener lokaler Belastung unterworfen wird. Es ergab sich, dass Vorbelastung den Muskel in einen Zustand versetzt, in welchem er auf einen maximalen Reiz mit einer an Gipfelhöhe wie Flächeninhalt bis zu einer gewissen Grenze wachsenden negativen Schwankung und mit erhöhter Zuckungsarbeit reagiert. Und zwar wächst die Arbeit mit dem Grade der Vorbelastung verhältnismässig rascher, erreicht aber erst später ihr Maximum als die negative Schwankung und die Wärmeproduktion. Es ergibt sich daraus der Schluss, dass bei wachsender Belastung nicht bloss die Umsatzgrösse, sondern auch der Nutzfaktor oder Wirkungsgrad anpassungsweise wächst[1]). Die verstärkte mechanische Leistung selbst ist mit einer mässigen Abnahme und wohl auch Verkürzung des abfallenden Schwankungsteiles verknüpft. Dementsprechend ergab sich auch eine durchschnittliche Erniedrigung und Verkürzung des abfallenden Schenkels der negativen Schwankung bei Isometrie[2]). Durch die Untersuchung von B. und A. v. Tschermak erscheint eine Beziehung zwischen Belastungsgrad und Grösse des elektrischen Prozesses sowie zwischen mechanischer Leistung und Dekreszente der negativen Schwankung festgestellt. Der der Erregungsschwankung zugrundeliegende Prozess stellt demgemäss einen jener Stoffwechselvorgänge im tätigen Muskel dar, welche anpassungsweise mit der Belastung wachsen und in der produzierten Wärme zum Ausdruck kommen[3]).

---

fluss der einen Kathodenplatte auf die Strahlen der anderen, während die Strahlenbündel an sich ohne Einfluss aufeinander sind. Nebenbei sei darauf hingewiesen, dass B. (**86** — 1899) in den Lichtbündeln des Nordlichtes Phosphoreszenzerscheinungen, hervorgerufen durch Kathodenstrahlen, vermutete.

1) Vgl. den ganz analogen Befund von O. Bruns am Herzmuskel, dass dieser zwar jedesmal die maximale Menge latenter Spannkräfte umsetzt, dass jedoch der Wirkungsgrad mit der Höhe der Anforderung bezw. der durch Druckleistung zu überwindenden Widerstände wächst (Untersuchungen über die Energetik des Herzmuskels. S. B. Ges. Naturwiss. Marburg 21. Jg. 1914.)

2) Bei der allerdings nicht einwandfreien Totalisometrie des Muskels hatten bereits S. Amaya unter F. Schenck's Leitung (Über die negative Schwankung bei isotonischer und isometrischer Zuckung. Pflüger's Arch. Bd. 70 S. 101. 1898) und P. Jensen (XLIV — 1899), welcher jedoch auch Versuche mit Lokalisometrie anstellte, den abfallenden Teil der negativen Schwankung im allgemeinen niedriger bezw. steiler abfallend befunden als bei Isotonie.

3) Bezüglich der sich hier anschliessenden Frage, welche Beziehung zwischen Kontraktionshöhe oder Muskelkraft und Dehnung besteht, hatte B. schon 1872 (**23, 25**) kritisch Stellung genommen gegen W. Preyer's Aufstellung eines myophysischen Gesetzes: logarithmische

Bezüglich der Theorie der negativen Schwankung hatte B.
(54, 55 — 1888) — anknüpfend an die Unerregbarkeit des künstlichen
Muskelquerschnittes — eine elektrochemische Molekularhypothese aufgestellt, der zufolge die Molekeln der Muskelfibrillen in Längsreihen [1]
geordnet seien [vgl. M. Heidenhain's [2]) Protomerentheorie des
Muskels und Nerven] und durch Sauerstoffatome in der Längsrichtung
verkettet seien, während oxydable Substanzen daran als Seitenketten
verankert seien und in Verein mit den O-Atomen die Fibrillenmolekeln
polarisieren. Bei irgendwelcher Art der Reizung erfolge zwischen
diesen Komponenten oxydative Reaktion. Dementsprechend nimmt
B. unter Einwirkung des konstanten Stromes eine Abscheidung von
O'' an, und zwar auf dem Längsschnitt der Muskelelemente im Bereiche der Kathode des polarisierenden Stromes, d. h. an der für die
innere Polarisation anodischen Stelle — macht also die Voraussetzung,
dass sich die Molekelreihen der Muskel- und Nervenfaser gegen die
umgebende Gewebeflüssigkeit ähnlich verhalten wie ein Metall gegen
einen Elektrolyten oder wie zwei einander berührende Elektrolyte
gegeneinander (vgl. auch 66 — 1890). — Diese Theorie spezialisierte
B. später (76 — 1897) — unter Festhalten an der Anschauung, dass
die Erregungsschwankung der Ausdruck einer bestimmten Komponente
der im Muskel und Nerven ausgelösten chemischen Energie sei, welche
sich im Muskel in Wärme und Arbeit umsetze — folgendermaassen.

Beziehung zwischen Muskelkontraktion und „fundamentalem" Reiz
einerseits, zwischen Muskeldehnung und Gewicht andererseits. Die mathematischen Deduktionen W. Preyer's (Pflüger's Arch. Bd. 5 S. 294
u. 483. 1872; Bd. 6 S. 237 u. 567. 1872 sowie Bd. 7 S. 200. 1873),
welche sich auf Versuche A. W. Volkmann's (Zur Theorie der Muskel-
kräfte. Ber. d. Sächs. Ges. d. Wiss. 1870 S. 57) stützten, die ein festes
Verhältnis zwischen Kontraktionshöhe und der dieselbe annullierenden
Dehnungsgrösse zu ergeben schienen, wurden übrigens auch von B. Luch-
singer (Pflüger's Arch. Bd. 6 S. 395 u. 642. 1872; Bd. 8 S. 538. 1873;
Bd. 9 S. 201. 1873) abgelehnt. — Einen Beobachtungsbeitrag lieferte
unter B.'s Leitung M. Levy (XXVIII — 1886) mit dem Ergebnisse, dass
die Kraft des Muskels mit zunehmender Anfangsspannung zuerst be-
trächtlich zunimmt (bestätigt von Feuerstein), weiterhin aber deutlich
abnimmt. Das Maximum der Kraft liegt bei einem Dehnungszuwachs
von $15-17,5\,^0/_0$ zur natürlichen Länge. — Des weiteren fand E. Meyer
(XLIII — 1898), welcher unter B.'s Leitung den Einfluss der Spannungsänderung während der Ausführung einer Zuckung — in Form der sogenannten ditonischen Wechselzuckung — studierte, dass auch hiebei
ein anpassungsmässiges Wachsen der Arbeitsleistung so wie bei Vorbelastung oder bei Überlastung erfolgt, wenn die Belastung im Anfangs-
teil der Zuckung eintritt und die Reizung nicht minimal ist.

    1) An den Sehnenenden werden die als polarisierbare Leiter angesehenen
Molekelreihen paarweise als kontinuierlich miteinander verbunden betrachtet (55, spez. S. 42 — 1888).

    2) M. Heidenhain, Plasma und Zelle. II. S. 654ff. Jena 1911.

Die Kreszente der negativen Schwankung sei das elektrische Zeichen des oxydativen Spaltungsprozesses: die Menge der ausgelösten chemischen Energie sei eine Funktion der Schwankungskurve. Die Dekreszente entspreche entweder der Wiederansammlung und Assimilierung des Sauerstoffs, bzw. dem Restitutionsprozess, oder dem Verbrauch des aktiven Sauerstoffs während der Kontraktion. Die letztere Möglichkeit entspricht der später von B. und A. v. Tschermak (98 — 1902) gesicherten Tatsache einer Höhenabnahme des abfallenden Schwankungsteiles bei isometrischer Kontraktion.

Diese theoretischen Vorstellungen, welche einerseits noch stark von den molekularelektrischen Hypothesen E. du Bois-Reymond's beeinflusst sind [1]), andererseits jedoch schon physikalisch-chemische Gesichtspunkte einführen, wurden bald von B. selbst überwunden, und zwar durch die selbständige Ausgestaltung der Konzentrations- und Membrantheorie der bioelektrischen Ströme (seit 1902) — ein neues Forschungsgebiet, dem B. nun bis an sein Lebensende seine Kraft ebenso widmete wie der Molekularphysik der Plasmabewegung, speziell der Muskeltätigkeit. Auf beiden Gebieten eröffnete B. die ungemein fruchtbare thermodynamische Behandlung der Probleme.

Hiedurch wie durch die Aufstellung der osmotischen Membrantheorie wurde B. einer der Begründer der physikalisch-chemischen Betrachtungsweise der bioelektrischen Erscheinungen. Er trat mit seinen Studien und Lehren hervor, als auf diesem Gebiete nur die allgemeine Vermutung W. Ostwald's (1890) über die Bedeutung der Membran-Semipermeabilität für die bioelektrischen Ströme, der Hinweis von Tschagowetz (1896) auf die Nernst'sche Formel, die Studien von Macdonald (1900) und von Oker-Blom (1901) vorlagen, welche die wesentliche Gleichstellung der bioelektrischen mit osmotischen oder Konzentrationsströmen mehr annahmen als streng erwiesen. Bald nach dem Einsetzen von B.'s Arbeiten begann — abgesehen von B.'s Schülern (A. v. Tschermak, Lesser, Verzár) — eine ganze Reihe von Autoren sich an der elektrochemischen Betrachtungsweise der bioelektrischen Ströme zu beteiligen (Tschagowetz, ferner Höber, Brünings, Cybulski, Cremer, Galeotti, Pauli u. a.).

---

1) Historisch bemerkt B. (**101**, spez. S. 561 — 1902), dass die du Bois-sche Molekulartheorie allerdings nichts anderes sein sollte als ein Schema der Verteilung elektrischer Spannungen an den kleinsten Teilen der Faser. Auch hebt er hervor, dass die von ihm statuierte Polarisiertheit und Polarisabilität der Fibrillen gegen das umgebende Cytoplasma ebenso für Metallfäden in einem Elektrolyten wie für halbdurchlässige Grenzflächen gelte.

B. behandelte einerseits die Thermodynamik der sogenannten Dauerströme, und zwar der natürlichen wie des Sekretionsstromes der Haut und der künstlichen wie des Längsquerschnittstromes, andererseits die Thermodynamik der Erregungsströme. Er verwertete dabei als erster die exakten thermodynamischen Betrachtungen und Formeln von Gibbs und Helmholtz sowie die Nernst'sche Theorie der Konzentrationsketten zur Feststellung des Charakters der bioelektrischen Ketten. B. (**101**, spez. S. 522—530 — 1902; **103** — 1904 und **113**, spez. S. 439—442 — 1906) ging dabei aus von der durch Helmholtz gewonnenen Fundamentalerkenntnis, dass für die elektromotorische Kraft (E) der umkehrbaren galvanischen Ketten nicht bloss ein reversibler chemischer Umsatz bzw. chemische Wärme (Q) — von positivem oder negativem Vorzeichen — in Betracht kommt, sondern auch physikalische Momente — ausgedrückt durch eine Wärmemenge, welche entspricht dem Produkt von Temperaturkoeffizient $\left(\dfrac{dE}{dT}\right.$ d. h. Änderungsgrad der elektromotorischen Kraft mit der Temperatur) und absoluter Temperatur. Die physikalischen Momente wirken entweder additiv oder subtraktiv oder bestreiten sogar allein die Kraft der Kette — entsprechend der Formel $E = Q + \dfrac{dE}{dT} \cdot T.$ —

Für den Biologen ist speziell jene Art von Ketten interessant, welche Wärme aus dem eigenen Vorrat oder aus der Umgebung in elektromotorische Kraft umsetzen, also endotherm arbeiten ($E > Q$) bzw. einen positiven Temperaturkoeffizienten $\left(\dfrac{dE}{dT} = + k\right)$ aufweisen. Unter diesen Ketten stehen im Vordergrund die nicht chemisch-galvanischen, sondern rein physikalisch-osmotischen Konzentrationsketten, in welchen während der Tätigkeit überhaupt kein Umsatz chemischer Energie erfolgt ($Q = \ominus$). Vielmehr ist hier die ganze elektromotorische Kraft physikalischen Ursprungs; sie geht nämlich — nach Nernst (1889) — aus Wärme bzw. osmotischer Diffusion oder Ionenbewegung hervor $\left(E = K \cdot T \cdot \dfrac{dE}{dT}\right)$. Die Bestimmung von Vorzeichen und Grösse des Temperaturkoeffizienten gibt also Aufschluss über den exo-, iso- oder endothermen Charakter der Kette (je nachdem $\dfrac{dE}{dT}$ als $- k$, $\ominus$, $+ k$ befunden wird). Der Befund der chemischen Wärme (Q) als Null würde für einen rein physikalischen Ursprung der elektrischen Energie, also für eine osmotische oder Konzentrationskette entscheiden. — Bei Halten der äussere Stromarbeit (bzw. -wärme S_e) leistenden Kette unter Isothermie, d. h. in einem Kalorimeter, geben

exotherme Ketten eine Wärmemenge C (sogenannte Ketten- oder Organ-
wärme) an das Kalorimeter ab, während endotherme Ketten verminderte
Wärmeabgabe oder sogar manifeste Wärmeaufnahme aus dem Kalorimeter zeigen — letzteres, wenn der Wärmeanspruch der Kette
jene Wärmemenge übersteigt, welche infolge der Durchsetzung
der Kette durch den eigenen Strom in dieser entsteht (sogenannte
innere Stromwärme S_i). Es gilt demnach die Gleichung $S_e = Q - C$,
wobei in dem positiven oder negativen C die Grösse S_i darinsteckt. Bei
einer Konzentrationskette, bei welcher $Q = 0$, $S_e = -C$ ist, besteht
— bei Voraussetzbarkeit hochgradig verdünnter, nahezu vollständig
dissoziierter Lösungen — sehr angenäherte Proportionalität der Kraft
mit der absoluten Temperatur. Eine geringe Abweichung (etwa $\mp 1,5\%$)
ist auch bei einer einfachen unkomplizierten Konzentrationskette dadurch bedingt, dass die Beweglichkeit bzw. Überführungszahl der
Ionen überhaupt, speziell aber die relative Beweglichkeit von Kation und
Anion desselben Elektrolyten sich nicht ganz gleichmässig mit der
Temperatur ändert [1]).

Die vorstehend dargelegten Grundsätze hat B. als erster zur Untersuchung der bioelektrischen Ströme angewendet, wobei er die sogenannten Ruhe- und die Erregungsströme an tierischen wie pflanzlichen Geweben als prinzipiell gleichartig betrachtete. Zunächst ergab
eine mit einwandfreier Methodik [2]) ausgeführte **Untersuchung** B.'s
(**101** — 1902) **am Längsquerschnittstrom des Froschmuskels** [3])
bzw. an seinem aus der unvermeidlichen natürlichen Benetzungs-
flüssigkeit abgeleiteten Zweigstrom innerhalb der Grenzen 0^0 und

1) Diese von B. selbst wiederholt (**101**, spez. S. 529 — 1902; **113**,
spez. S. 496 — 1906; **121**, spez. S. 599 — 1910; **132**, spez. S. 109 — 1916)
hervorgehobene Einschränkung durch Dissoziationsgrad und Temperaturkoeffizient der Ionenbeweglichkeit muss nachdrücklich im Auge behalten
werden, um bei den Beobachtungen an bioelektrischen Ketten keine
übertriebenen Forderungen betreffs Übereinstimmung zu stellen, wie dies
manche Autoren meines Erachtens mit Unrecht getan haben. Über die
zureichende Übereinstimmung selbst der Bruttowerte B.'s, noch mehr
der in durchaus berechtigter Korrektur gewonnenen Nettowerte vgl.
S. 33.

2) Der Muskel wurde nach Anlegen eines thermischen Querschnittes
an Streifen von ungebranntem Ton als Elektroden angeschlungen und in
ein Ölbad versenkt. Unter relativ raschem Temperaturwechsel wurde
der Muskelstrom am Galvanometer gemessen, und zwar nach dem Kom-
pensationsverfahren, welches ein Abnehmen des Stromes durch innere
Polarisation ausschliesst (B. **131**, spez. S. 106 — 1916).

3) Ein Wachsen des Muskelstromes mit der Temperatur hatte bereits
L. Hermann (Weitere Untersuchungen. V. Versuche über den Einfluss
der Temperatur auf die elektromotorische Kraft des Muskelstroms.
Pflüger's Arch. Bd. 4 S. 163. 1871) beobachtet, ebenso J. Steiner
(**VIII** — 1876) — letzterer mit einem Maximum zwischen 35 und 40^0 C.

32⁰ C. einen positiven Temperaturkoeffizienten und angenäherte Proportionalität der Bruttowerte (mit — 1,27 % bis + 5,14 % Abweichung), sehr weitgehende Proportionalität der unter Berücksichtigung des zeitlichen Absterbens berechneten Nettowerte (z. B. +0,3 % netto gegen +3,3 % brutto). Mit Recht betont B. (**132**, spez. S. 109 — 1916), dass selbst in physikalischen Versuchen die Übereinstimmung nicht besser sein könne. Das absolute Ausmaass der thermischen Stromänderung ist allerdings nicht gross, beispielsweise 8 % für 12,2⁰ C. Die geringen, in B.'s Versuchen aufgetretenen Abweichungen berechtigen, wie B. eingehend darlegte (**101**, spez. S. 533 ff. — 1902), keineswegs zur Annahme einer chemischen Natur der Muskelstromkette, zumal da sich für die chemische Wärme (Q) zwischen 0⁰ und 20⁰ negative, zwischen 18⁰ und 32⁰ C. positive Werte ergeben würden. Vielmehr ist eine rein physikalische Natur bzw. ein Konzentrationscharakter der Kette sehr wohl annehmbar, wenn man die sehr plausible Annahme macht, dass der Temperaturkoeffizient der Kette zwar stets positiv, aber nicht konstant ist, sondern sich gemäss einer mit Wendepunkt um 20⁰ ansteigenden Kurve ändert. Die darin angedeutete Komplikation lässt sich zurückführen einmal auf die Beeinflussung der Beweglichkeit bzw. Überführungszahl der Ionen durch die Gegenwart von Nichtleitern überhaupt (nach Arrhenius). Sodann kommt in Betracht, dass die elektive Undurchlässigkeit bzw. die differente Unlöslichkeit der zellularen Grenzflächen für gewisse Ionen mit steigender Temperatur eine zunächst reversible, oberhalb einer gewissen Grenze rasch erfolgende Minderung erfahren dürfte [1]). Als dritte Quelle von Abweichungen kommt das nicht gleichmässige, sondern angenähert logarithmische Fortschreiten des Absterbens isolierter Organe in Betracht. — Die Geschwindigkeit der Temperaturänderung scheint nach der wesentlichen Übereinstimmung von B.'s Versuchen mit rascher und mit langsamer Abkühlung wie Erwärmung am Muskel ohne Bedeutung zu sein, während beim Nerven rasche Änderung negative Erregungsschwankungen des Nervenstromes auslöst (**101**, spez. S. 552, 553 — 1902).

Erhebliche Abweichungen ergaben sich für den Nervenstrom [2]), welcher im Intervall von 0 bis 18⁰ zwar eine der absoluten Temperatur angenäherte proportionale [3]) Zunahme bzw. einen positiven Temperatur-

---

1) Eine andere Möglichkeit bestünde nach B. (**101**, spez. S. 553 — 1902) im Eintreten einer zunächst reversiblen Konzentrationsänderung in der lebenden Faser mit der Temperatur.

2) An diesem hatte bereits J. Steiner (**VIII** — 1876) unter B.'s Leitung ein Wachsen mit der Temperatur von 2⁰ bis zu einem Maximum zwischen 14—25⁰, darüber hinaus ein Sinken festgestellt.

3) Mit Bruttoabweichungen von + 1,99 % bis + 6,4 %.

koeffizienten, bei 18⁰ ein Maximum, zwischen 18 und 32⁰ jedoch Abnahme, d. h. scheinbar einen negativen Temperaturkoeffizienten aufweist. Zur Erklärung dieses Verhaltens nimmt B. speziell eine beträchtliche Minderung (etwa nach einer Exponentialkurve $v' = \beta\,T^2$) der Ionen-Impermeabilität der Phasengrenzflächen oberhalb 18⁰ an.

Im Anschlusse an B.'s Untersuchungen am sogenannten Ruhestrom von Muskel und Nerv studierte E. J. Lesser (**LXVII** — 1907) unter B.'s Leitung die Beziehung des einsteigenden Dauerstromes der Froschhaut. Er fand — fussend auf den Vorarbeiten von Hermann [1]) mit W. Bach, R. Oehler und v. Gendre an der Froschhaut, von Biedermann [2]) an der Froschzunge —, dass die Stromkraft von 3 bis 30⁰ zwar mit der Temperatur wächst, jedoch nur für ein kurzes Intervall (8—14⁰) beim Erwärmen angenäherte Proportionalität zur absoluten Temperatur zeigt. Sonst ergeben sich erhebliche Abweichungen, welche einerseits auf das unter wie über der Zimmertemperatur beschleunigte Absinken bzw. Absterben mit der Zeit, andererseits auf nur zum Teil reversible Änderungen der Kette selbst bezogen werden. (Die Hauptkomplikation ist meines Erachtens darin zu erblicken, dass zwei verschiedengeartete Potentialsprungflächen, die Sekretions- und die Ernährungsfläche der Froschhaut, in Betracht kommen, welche thermisch verschieden beeinflussbar sind.) Trotz der erhaltenen Abweichungen lassen sich auch die Froschhautströme als Konzentrationsströme besonderer Art betrachten [3]).

Neben der Thermodynamik der Dauerströme wurde von B. (und A. v. Tschermak — **103** — 1904; **113** — 1906) auch die Thermodynamik der Erregungsströme bearbeitet. Zu schwach hiefür erschienen die Erregungsströme am Nerven und am Muskel, bei welch letzterem die thermische Äusserung des bioelektrischen Erregungsvorganges durch jene des Leistungsvorganges kompliziert ist, der die mechanische Leistung und die direkte Wärmeproduktion bestreitet. Hingegen erwies sich das elektrische Organ der Zitterfische als geeignet zur Beantwortung der Frage, ob auch die bioelektrischen Erregungsströme

---

1) L. Hermann, Beiträge zur Lehre von den Haut- und Sekretionsströmen. Pflüger's Arch. Bd. 17 S. 291 u. 310. 1878; Bd. 18 S. 460. 1878; Bd. 22 S. 30. 1880; Bd. 27 S. 280. 1882; Bd. 34 S. 422. 1884; Bd. 58 S. 242. 1894.

2) W. Biedermann, Über Zellströme. Pflüger's Arch. Bd. 54 S. 209. 1893.

3) Zu diesem Schlusse war vor E. J. Lesser bereits G. Galeotti gelangt auf Grund von Ableitung mit verschiedenen Elektrolyten (Über die elektromotorischen Kräfte, welche an der Oberfläche tierischer Membranen bei Berührung mit verschiedenen Elektrolyten zustandekommen. Zeitschr. f. physik. Chemie Bd. 49 S. 542. 1910; Ricerche di elettrofisiologia secondo i criteri della elettro-chimica. Zeitschr. f. allg. Physiol. Bd. 6 S. 99. 1907).

als Konzentrationsströme besonderer Art aufzufassen sind. Zu diesem
Behufe wurde am elektrischen Organ des Zitterrochens einerseits die
Wärmetönung (C) des Organs (mit der spezifischen Wärme 0,8708)
während der Tätigkeit indirekt auf thermoelektrischem Wege, die
äussere Stromwärme (S_e) des durch künstliche Nervenreizung ausgelösten Schlages mittels eines Riess'schen Luftthermometers gemessen [1]).

Da das Organ während der Ruhe stromlos ist und erst während
der Erregung bzw. Tätigkeit zu einer Kette wird, kommt als Energie-
quelle zunächst eine zweifellos exotherme Zustandsänderung mit „Umwandlungswärme" (U) in Betracht, während das Auftreten einer besonderen, sei es positiver, sei es negativer chemischer Wärme (Q) daneben
fraglich bleibt bzw. bei einer Konzentrationskette nicht zu erwarten
ist. Es ist also die Gleichung $U + Q = C + S_e$ bzw. $S_e = U + Q - C$
zu untersuchen, wobei in der Kettenwärme C noch die innere Stromwärme (S_i) enthalten ist, welche im tätigen Organ infolge Selbst-
durchströmung des Organs von der Nervenplatte nach der Gallert-
platte hin aus Stromarbeit gebildet wird. Die Umwandlungswärme
(U) ist allerdings nicht als konstant zu betrachten, vielmehr als abhängig von der Ableitungsweise des Organs durch einen Kreis mit
grösserem oder geringerem Widerstand [2]). Bei völliger Isolierung des
Organs, die in Praxi natürlich nur unvollkommen möglich ist, kommt U
allein in Frage $(U_J = C_J)$.

Die Temperaturänderungen des elektrischen Organs während der
Tätigkeit erwiesen sich als sehr gering; das Organ ist sonach eher
dem Nerven als dem Muskel analog zu setzen. Meist tritt geringe
Erwärmung (bis $+ 0,00539^0$), seltener Abkühlung (bis $- 0,00044^0$)
zutage; auch gehen thermische und elektrische Leistung keineswegs
parallel. Die jeweilige Wärmetönung ist offenbar die algebraische
Summe von zwei gegensinnigen Vorgängen — einem exothermen und
einem endothermen Prozess, nämlich der chemisch bewirkten ketten-
schaffenden Zustandsänderung und der rein physikalischen stromerzeugenden Kettentätigkeit. Hingegen ergibt sich keine Unterlage

---

1) Die Empfindlichkeit des mit Heidenhain'scher Bi-Sb-Thermosäule
verwendeten Thermogalvanometers betrug 1 Skalenteil $= 0,00010257^0$ C.,
jene des Luftthermometers 1 mm im Mittel $= 0,0016456$ g cal).

2) Bei Schliessung mit geringem Widerstand (Kurzschluss) kommen
als Komplikationen in Betracht einerseits die Möglichkeit einer effekt-
steigernden Selbstreizung des Organs, andererseits die Möglichkeit einer
Selbsthemmung durch die an der Nerveneintrittsstelle gelegene innere
Anode des Schlages. — Dass keine Immunität des Zitterrochens gegen
den eigenen Schlag besteht, hat J. Steiner (I — 1874) unter B.'s Leitung
nachgewiesen. Nach den Erfahrungen von A. v. Tschermak stellt das
Seewasser eine äussere Schliessung von höherer Leitungsfähigkeit dar,
als es die Leibessubstanz der marinen Tiere ist.

für die Annahme eines stromliefernden chemischen Vorganges daneben. Die einzige während der Tätigkeit des Organs auftretende Wärmequelle ist augenscheinlich in der Umwandlungswärme gegeben. Soweit diese nicht zur Deckung der Stromenergie ausreicht (also im Falle $U < S_e + S_i$), wird Wärme aus dem physikalischen Wärmevorrat des Organs, das ist zunächst aus der inneren Stromwärme (S_i) oder gar aus der Umgebung, herangezogen. Meistens reicht jedoch die erstere aus, so dass eine positive Restwärme $C - S_i$ übrigbleibt; jedoch wurden auch Fälle von manifester Abkühlung mit einer primären Wärmeabsorption bis zu $- 0,26$ g cal (davon 0,11 g cal aus innerer Stromwärme) beobachtet. Für den äusserlichen Nützlichkeitsfaktor [Stromwärme: Gesamtwärme $= (S_e + S_i) : (C + S_e)$] ergeben sich sehr hohe Werte, mitunter weit über 100%, d. h. das elektrische Organ ist imstande, Wärme in Elektrizität umzuwandeln. Die direkt wie indirekt nachweisbare Endothermie (bis $- 0,093$ g cal pro 100 g Organ in 1″) weist unbestreitbar auf eine rein physikalisch-osmotische Stromproduktion hin und berechtigt uns, den Tätigkeitsstrom des elektrischen Organs als einen Konzentrationsstrom, das Organ selbst als eine Konzentrationskette besonderer Art zu betrachten, deren Konstitution selbst — im Gegensatze zu einer physikalischen Kette — von der Temperatur abhängig ist.

Die Besonderheit jener Kette ist in einer Reihe komplizierender physiologischer Momente gelegen, welche speziell bei der weiteren Untersuchung hervortraten, die B. und A. v. Tschermak (**113**, spez. S. 490 ff. — 1906) der Abhängigkeit der Kraft des Schlages von der Temperatur widmeten. Nur innerhalb enger Grenzen (2—10° C.) und unter günstigen Verhältnissen (Resistenz des Organs gegen Abkühlung) bestand angenäherte Proportionalität der Kraft zur absoluten Temperatur. Es ergab sich, ähnlich wie beim Längsquerschnittstrom des Nerven, ein Optimum zwischen 15 und 20°, und zwar anscheinend durch Thermoadaptation des Tieres verschieblich, hingegen Sinken der Kraft des Schlages gegen 0 und 30° hin. Der Brutto-Temperaturkoeffizient erscheint demnach zwischen 0 und 18° positiv ($+ 0,004$ bis $+ 0,07$), zwischen 18 und 30° hingegen negativ ($- 0,027$ bis $- 0,048$). Physiologische Momente, wie sie in den Temperaturkoeffizienten der Reizbarkeit, der Leistungsfähigkeit, der nur zum Teil reversiblen thermogenen Veränderung der Kette selbst, der Ermüdung, des zeitlichen Absterbens zum Ausdruck kommen, beeinträchtigen augenscheinlich das reinliche Hervortreten des positiven physikalischen Temperaturkoeffizienten und der angenäherten Proportionalität der Kraft des Schlages und der absoluten Temperatur.

Im Sinne von B.'s osmotischer Membrantheorie bezeichnen es B. und A. v. Tschermak (**113**, spez. S. 472 — 1906) als wahrscheinlich, dass die den Konzentrationsstrom im elektrischen Organ erzeugenden Elektrolyte bzw. Ionen während der Erholung und Ruhe in den elektrischen Zellen unter Leistung von Konzentrierungsarbeit angesammelt werden und nicht erst anlässlich der Tätigkeit gebildet werden. Letzteres würde zu einem relativ hohen Wert von Umwandlungswärme führen, wogegen die Beobachtungen sprechen. Vielmehr dürfte sich nach den Autoren der kettenbildende exotherme Vorgang auf eine relativ wenig Umwandlungswärme beanspruchende Zustandsänderung der Zellwand an der Nerveneintrittsseite beschränken — mit dem Effekte einer Steigerung der Ionendurchlässigkeit der Zellgrenzzone daselbst. Durch die Untersuchung von B. und A. v. Tschermak ist zum ersten Male, und zwar auf thermodynamischem Wege, der Nachweis erbracht worden, dass die Erregungsströme — zunächst des elektrischen Organs, wahrscheinlich jedoch die sogenannten Aktionsströme überhaupt — osmotischen Ursprunges sind, also Konzentrationsströme darstellen.

Bereits auf Grund der festgestellten angenäherten Proportionalität von Muskelstromkraft und absoluter Temperatur hatte B. (101 — 1902) die osmotische Membrantheorie aufgestellt, welche er durch weitere Untersuchungen auszugestalten und zu festigen suchte. Ihr Hauptinhalt ist die bald darauf speziell von Höber[1]) weiterentwickelte Vorstellung, dass die zellularen und intrazellularen „Membranen" eine ungleichmässige Durchlässigkeit für das Kation und Anion gewisser Elektrolyte besitzen, so dass zwischen unversehrter Oberfläche und Inhalt bzw. Querschnitt einer Zelle, ebenso zwischen ruhender und erregter Stelle eine Differenz an Konzentration bestimmter Ionen besteht. Infolge der ionalen Semipermeabilität umkleiden sich nach B. die Zellmembranen mit einer elektrischen Doppelschicht — beispielsweise aussen mit durchgelassenen Kalium-Kationen, innen mit zurückgehaltenen Phosphorsäure-Anionen. Bei der Erregung erfolgt durch einen exothermen Vorgang eine reversible Veränderung der zellularen Membranen und als Folge davon eine Steigerung der Durchlässigkeit bzw. eine Minderung der elektiven Impermeabilität für bestimmte Ionen. Die bioelektrischen Spannungsdifferenzen werden als Membranpotentiale, die Ruhe- wie die Erregungsströme als Konzentrationsströme betrachtet, welche durch eine Reihe von physiologischen Faktoren kompliziert sind. Der entscheidende Potentialsprung wird von B. an der unversehrten bzw. ruhenden Zelloberfläche — am sogenannten Längsschnitt —, nicht am Querschnitt bzw. an der erregten Stelle angenommen[2]), während von Oker-Bloom (ebenso von Mac-

---

1) F. Höber, Resorption und Kataphorese. Pflüger's Arch. Bd. 101 S. 607, spez. S. 616. 1904.

2) Schon früher (55, spez. S. 80 — 1888) hatte B. die entscheidende

donald — 1900) zwar schon vor B. den bioelektrischen Strömen der Charakter von Konzentrationsströmen zugeschrieben wurde, jedoch die alterative Bildung eines Elektrolyten — mit Ionen von verschiedener Wanderungsgeschwindigkeit — am Querschnitt angenommen wurde. — In seinen späteren Darstellungen (**123** — 1912 und speziell **125** — 1913) gibt B. der Nernst'schen Vorstellung, dass halbdurchlässige Membranen als elektive Lösungsmittel oder Bewegungsmedien für verschiedene Ionen wirken, den Vorzug vor dem Ostwald'schen Bilde der Ionendiaphragmen. Bei der anschliessenden Erörterung über die Theorien der Phasengrenzkräfte als Ursache der bioelektrischen Ströme bezeichnet B. seine Vorstellung ganz allgemein als Phasentheorie, nach welcher zwar eine Membran, d. h. eine sprunghaft verschiedene Trennungsphase zwischen umgebender Flüssigkeit und Zellinhalt angenommen wird, jedoch die einander gleichen und entgegengesetzten Phasengrenzpotentiale an der Aussen- und Innenfläche der Membran nicht in Betracht kommen, sondern nur das Diffusionspotential der durch die Membran getrennten Lösungen [1]). Die Phasengrenzkraft beruht allgemein gesprochen (nach Nernst und Riesenfeld) auf dem verschiedenen Teilungskoeffizienten für gewisse Ionen in den beiden nicht-mischbaren Lösungsmitteln bzw. auf Unbeweglichkeit desselben Ions in dem einen derselben. — Die Phasengrenztheorie von Haber und Klemensiewicz[2]), welche auf die Annahme einer Membran verzichtet, also Umgebungsflüssigkeit und Zellinhalt als nicht mischbare Lösungsmittel direkt aneinander grenzen lässt, lehnt B. ab, da sie die Entstehung eines Potentialsprunges nur durch Annahme eines chemischen Prozesses am Querschnitte erklären könne, der Ionen von verschiedener Löslichkeit bzw. Beweglichkeit liefere, so dass die umgebende Flüssigkeit negativ gegenüber der Zelle geladen werde [3]).

Bedeutung der Längsschnittladung und ihrer Änderung bei der Erregungsschwankung betont. Diesen Gesichtspunkt hielt er auch bei Aufstellung der Membrantheorie konsequent fest (vgl. **116**, spez. S. 158 — 1908).

1) Vgl. bereits M. Cremer, Die allgemeine Physiologie der Nerven. Handbuch der Physiologie, herausgegeben von W. Nagel, Bd. 4 S. 793 ff., spez. S. 872—879 bzw. 875. Braunschweig 1909.

2) F. Haber und Z. Klemensiewicz, Über elektrische Phasengrenzkräfte. Zeitschr. f. physik. Chem. Bd. 67 S. 389. 1909.

3) Zur Frage der Phasengrenztheorie möchte ich selbst bemerken, dass einerseits auch bei einer reinen Phasengrenztheorie die Möglichkeit bestünde, dass gerade an der Grenze zweier Phasen Kräfte bestehen könnten, welche bezüglich Permeabilität bzw. Ionenbeweglichkeit im wesentlichen dieselbe Wirkung haben, als ob eine gesonderte Zwischenphase, eine eigentliche Membran, vorhanden wäre. Andererseits muss mit Nachdruck betont werden, dass auch ein undifferenzierter Protoplast nicht eine einheitliche Phase gegenüber der Umgebungsflüssigkeit dar-

Das Wesentliche von B.'s Auffassung ist die Annahme einer elektrischen Doppelschicht präexsistenter Ionen an den zellularen Membranen. Diese Ionen gehören den ständig vorhandenen Plasmasalzen zu. Die nicht durchgelassenen bzw. im Faserinhalte unbeweglichen Ionen sind für den Potentialsprung am Längsschnitt entscheidend. Die am Querschnitt unzweifelhaft ablaufenden Veränderungen sind hingegen nach B. (**124**, spez. S. 397 — 1913, vgl. auch **101**, spez. S. 542 — 1902) ohne ursächliche Bedeutung für die elektrische Erregungsschwankung. Wesentlich ist ferner die seitens B. von allem Anfange an festgehaltene begriffliche Scheidung des Vorganges der Erregung, der allen reizbaren Plasmen in wesentlich gleicher Weise zukommt und sich bioelektrisch äussert, und des Vorganges der mechanischen Leistung beim Muskel[1]). Beide Prozesse sind zeitlich und stofflich zu trennen, wiewohl der bereits im Latenzstadium voraneilende Erregungsvorgang die Vorbedingung für die Leistung von Arbeit oder Spannung darstellt. (Vgl. S. 60. 61.)

Eine direkte experimentelle Entscheidung zugunsten der Präexsistenztheorie bioelektrischer Potentiale — gegenüber der seit L. Hermann gleichfalls in neue Formen gekleideten Alterations-

---

stellt, sondern stets einem heterogenen System koexsistenter Phasen (nach H. Zwaardemaker) entspricht. In einem solchen mögen nun gewisse Anteile gegeben sein, welche bereits aus rein physikalischen Gründen ständig nach der Gesamtoberfläche des Protoplasten streben und sich dorthin begeben. Dieselben finden sich dementsprechend am mobilen Protoplasma — selbst bei eruptiver Pseudopodienbildung wie bei Pelomyxa (Rhumbler) — immer wieder, wenn auch ohne fixe Lagebeziehung der einzelnen Teilchen, temporär zu einer Grenzphase mit Membranfunktion zusammen. Bei höherer Differenzierung wird dann die Anordnung dieser Anteile stabilisiert, also eine ständige Membran gebildet. Die Membranfunktion, welche der Erhaltung eines spezifischen Bestandes an Inhaltskörpern bzw. Ionen dient, stellt nach dieser meiner Auffassung — ebenso wie die Reizbarkeit, das Leitungsvermögen, die Kontraktilität — eine Grundeigentümlichkeit dar, welche bereits dem undifferenzierten Protoplasma zukommt. Die Differenzierung hat nach meiner Meinung die Bedeutung, jene Grundvermögen durch besondere Bildungen nach bestimmten Richtungen zu orientieren, zu steigern und auszugestalten, in dieser Form ständig zu machen. Hingegen schafft nicht erst die Differenzierung wesentlich neue Grundvermögen. — Die vorstehend angedeutete Auffassung werde ich im zweiten Teil des ersten Bandes meiner Allgemeinen Physiologie (I. 1. — 1916. Berlin. Springer) näher darlegen und begründen.

1) Als Illustration zur prinzipiellen Scheidung von Erregungsprozess und Vorgang der mechanischen Leistung sei angeführt das Fortbestehenbleiben des Ekg, speziell der Beeinflussbarkeit der T-Zacke durch örtliche Kühlung, an einem isolierten Froschherzen, welches durch Muskarin oder kalziumfreie Ringerlösung zum Stillstand gebracht wurde (F. Klewitz, Zeitschr. f. Biol. Bd. 67 S. 279. 1917).

theorie — suchte B. auf zwei Wegen zu gewinnen: durch Untersuchungen über den zeitlichen Verlauf des Durchschneidungsstromes am Muskel (105 — 1904; 114 — 1906) sowie durch Studien an den Thermoströmen von Muskel und Nerv (121 — 1910; LXXXI — 1912; 125 — 1913; 132, 135 — 1916).

In ersterer Beziehung hatte Hermann [1]) ein Intervall der Entwicklung bzw. des „Absterbens" bis zum Wendepunkt der aufsteigenden Kurve von 2,5 σ gefunden. Ebenso hatte Garten [2]) eine Gipfelzeit bis zum Maximum von 2—3 σ erhalten. Unter Verwendung eines jedesmal sorgfältig maximal geschärften Knochenzahnes, den ein elektromagnetischer Fallhammer durch den auf Kork gelagerten M. sartorius durchtrieb, gewannen dann B.[3]) und A. v. Tschermak (105 — 1904) am Kapillarelektrometer — mit Versuchsmitteln, welche allerdings in mancher Hinsicht, so in bezug auf grössere Geschwindigkeit der Registrierung, an Vollkommenheit zu wünschen übrig liessen — sehr steil ohne Wendepunkt ansteigende [4]) Schnittstromkurven. Da deren Berechnung schon nach dem ersten messbaren Intervall von 0,156—0,385 σ den Muskelstrom maximal erscheinen liess und weiterhin ein anfangs rasches, dann langsameres Absinken ergab, schlossen sie auf sofortiges maximales Zutagetreten bei der Durchschneidung, also auf Präexsistenz oder wenigstens sehr kurze Entwicklungszeit. — Bei einer Wiederholung dieser Versuche mit einer weitgehend analogen Versuchsanordnung, jedoch vollkommenerem Registrierverfahren, erhielt hingegen Garten [5]) deutlich langsamer unter Wendepunkt ansteigende Kurven, aus denen er bei Zimmertemperatur nur mehr eine Entwicklungszeit von 1,3—1,5 σ (früher 2—3 σ) bei 1,58 σ Durchschneidungsdauer berechnete, während sich am abgekühlten Muskel ohne Bestimmung der Schnittzeit Werte von 3,2—5,2 σ ergaben. Die Verschiedenheit der Beobachtungsergebnisse glaubte Garten wesentlich auf die Differenz im Registrierverfahren zurückführen zu sollen. Ich möchte sie jedoch in erster Linie darauf beziehen, dass B. und

---

1) L. Hermann, Untersuchungen über die Entwicklung des Muskelstromes. Pflüger's Arch. Bd. 15 S. 191. 1877 und Handb. d. Physiol. hrsg. von L. Hermann, Bd. 1 (1) S. 237. 1879.

2) S. Garten, Über rhythmische Vorgänge im quergestreiften Skelettmuskel. Abh. d. sächs. Ges. d. Wiss., Math.-Physik. Kl. Bd. 26 Nr. 5. 1901.

3) B. hatte bereits 1888 (55. spez. S. 57) unter Kritik der Versuche von L. Hermann die Absicht einer solchen Untersuchung ausgesprochen.

4) Und zwar vor Eintritt der Depression durch die infolge des Schnittreizes ausgelösten rhythmischen Erregungsschwankungen mit 8—10 σ Intervall (Garten, Buchanan).

5) S. Garten, Experimentelle Nachprüfung der Untersuchung von Herrn Professor Bernstein und Tschermak über die Frage: Präexsistenztheorie oder Alterationstheorie des Muskelstromes. Pflüger's Arch. Bd. 105 S. 291. 1904.

A. v. Tschermak in ihren Versuchen die Schneideelektrode in jedem Versuche auf maximale Schärfe brachten und durch sorgfältiges Nachschleifen dabei erhielten. Zudem liess sich in weiteren Versuchen von B. und A. v. Tschermak (**114** — 1906) nachweisen, dass schon bei der der Schnittführung unvermeidlich vorangehenden Quetschung des Muskels eine wachsende Potentialdifferenz zutage tritt. Auch besteht nach erfolgter Durchtrennung mit der Schneideelektrode kein reines Anliegen des Querschnittes, was daraus hervorgeht, dass nachträgliches reinliches Anlegen des Querschnittes eine deutlich grössere Potentialdifferenz erkennen lässt. — So sehr bei dieser Sachlage eine nochmalige Wiederholung der Versuche unter allen Kautelen (speziell steter Elektrodenschärfung!) zu wünschen bleibt, so muss doch zugegeben werden, dass die Schnittversuche an sich — infolge der Verknüpfung des Schnittstromes mit einem Quetschungsstrom und infolge unreiner Querschnittsableitung — nicht geeignet sind, zwischen Präexsistenztheorie und Alterationstheorie zu entscheiden. Von der einen Seite können eben zur Erklärung des Anscheines einer mit Verbesserung der Durchschneidungstechnik sichtlich sich vermindernden, relativ sehr kurzen „Entwicklungszeit" die eben angedeuteten Komplikationen angeführt werden. Von der anderen Seite kann die Möglichkeit eines stromerzeugenden Alterationsvorganges von molekularer Geschwindigkeit eingewendet werden (vgl. B. **114** - 1906).

In diesem Bewusstsein suchte B. einen anderen Weg zur Entscheidung, und zwar durch Untersuchung der Thermoströme von Muskel und Nerv. B. (**121** — 1910) verwertete und ergänzte zunächst die grundlegenden Versuche L. Hermann's [1]), welche das innerliche Positivwerden der erwärmten Muskelpartie gegen die kühlere, ferner den wesentlich übereinstimmenden Effekt von totaler Temperaturänderung des Muskels und von bloss lokaler des Längsschnittes, endlich die thermische Inaktivität des Querschnittes ergeben hatten. B. betonte speziell, dass diese Versuche den Sitz des für den Thermostrom entscheidenden Potentialsprunges am Längsschnitt — nicht am Querschnitt — erkennen lassen. Unter Anwendung der Hermann'schen Ableitungsmethode mit toten Muskelstreifen — da beim Muskel die Anwendung von Kochsalzelektroden innerhalb des Ölbades zu störenden Eigenthermoströmen führt (Hermann a. a. O.; Bernstein **121**, spez. S. 591 — 1910; **132**, spez. S. 105 und 109 — 1916) — erhielt B. (**132**, spez. S. 106 — 1916) selbst bei isolierter Erwärmung oder

---

1) L. Hermann, Versuche über den Einfluss der Temperatur auf die elektromotorische Kraft des Muskelstromes. Pflüger's Arch. Bd. 4 S. 163. 1871.

Abkühlung des 3 mm breiten Verbrühungsquerschnittes keine Spur [1]) von Änderung der am Kompensator (also unter Vermeidung von Polarisation) gemessenen elektromotorischen Kraft.

Endlich fand B. bei Berechnung eine angenäherte Proportionalität der Kraft des Thermostromes mit der absoluten Temperatur, und zwar auch bei lokaler Erwärmung oder Abkühlung, welche fast dieselbe — relativ bescheidene — Wirkung hat wie jene des ganzen Muskels. B. betrachtet die Kraftquelle von Thermostrom und Längsquerschnittstrom als identisch, und zwar den Thermostrom als die Differenz des latenten Längsquerschnittstromes der wärmeren und der kälteren Muskelhälfte. Liess sich doch in besonderen Versuchen (**125**, spez. S. 400 — 1913) feststellen, dass Zerquetschen des Muskels an der Grenze beider Hälften die Kraft des von beiden abgeleiteten Stromes nicht ändert. — Während das von Hermann und B. übereinstimmend beobachtete Verhalten der Thermoströme der Alterationstheorie [2]) erhebliche Schwierigkeiten macht und zu der Hilfsannahme nötigt, dass der Absterbeprozess am Querschnitt ein durch Erwärmen nicht mehr beschleunigbares Maximum erreicht habe, lässt B.'s Membrantheorie die obigen Daten tadellos verständlich erscheinen: am Querschnitt fehlt eben im Gegensatz zum Längsschnitt eine thermisch beeinflussbare Membran (B. **121**, spez. S. 592 ff. — 1910; **125** — 1913).

Bedeutsame Abweichungen von dem Verhalten am Muskel ergaben die Thermoströme am Nerven, welche Verzár (**LXXXI** — 1912) unter B.'s Leitung untersuchte. Bezüglich der Richtung des inneren Stromes von der wärmeren nach der kälteren Stelle besteht — nach Versuchen mit streckenweiser Temperaturänderung im Ölbad [3]) — zwar zwischen 0 und 20° C. Übereinstimmung, oberhalb von 20° jedoch ein höchst unregelmässiges Verhalten [4]). Ferner erwies sich

---

1) L. Hermann selbst hatte mitunter minimale Änderungen bemerkt, dieselben jedoch so wie B. (**132**, spez. S. 107 — 1916) als zufällig und bedeutungslos erachtet, während W. Pauli und J. Matula (Der Thermostrom des Muskels. Pflüger's Arch. Bd. 163 S. 355, spez. S. 375. 1916) darin Andeutungen der von ihnen beschriebenen Kraftänderungen vom Querschnitt aus sehen.

2) Auch nach der Vorstellung von Oker-Bloom, dass am Querschnitt ein Elektrolyt entstehe, wäre thermische Inaktivität des Längsschnittes, nicht aber des Querschnittes zu erwarten (B. **121**, spez. S. 593 u. 598 — 1910).

3) Am Nerven erwies sich im Gegensatze zum Muskel die direkte Ableitung mit Kochsalz-Elektrodenfäden als zulässig, während tote Nerven noch immer einen Eigenstrom erkennen liessen. Eine verschiedene Temperierung der Elektroden selbst kann Fehler ergeben (F. Verzár, **LXXXI**, spez. S. 256, 276 — 1912).

4) P. Grützner, Beiträge zur allgemeinen Nervenphysiologie. Pflüger's Arch. Bd. 25 S. 265. 1881; G. Galeotti und F. Porcelli, Influenza della temperatura nelle correnti di demarcazione dei nervi. Zeitschr.

beim Nerven auch der Querschnitt als thermisch aktiv, indem auch alleinige Temperaturänderung der abgeleiteten Querschnittstelle zu zweifellosen, wenn auch weniger kräftigen Thermoströmen führt, die über 20⁰ C. regelmässiger sind als die vom Längsschnitt her ausgelösten. Während die Änderung des Nervenstromes bei totaler Abkühlung oder Erwärmung innerhalb gewisser Grenzen der absoluten Temperatur angenähert proportional geht, gilt bei lokaler Temperaturänderung angenäherte Proportionalität mit der Differenz der absoluten Temperaturen, d. h. mit der gewöhnlichen Temperatur. Zur Erklärung dieses Verhaltens nimmt Verzár in Übereinstimmung mit B. (**132**, spez. S. 107 — 1916) an, dass nicht bloss am Längsschnitt ein thermisch beeinflussbarer Potentialsprung bestehe, sondern dass sich beim Nerven ein solcher auch am Querschnitt bilde, und zwar in Form einer Membran entsprechend dem nächstgelegenen Ranvier-schen Schnürring[1]). Da demnach zwei Potentialsprünge (bzw. zweierlei Membranen von etwas verschiedenem Verhalten) vorhanden seien, kann Erwärmung oder Abkühlung der einen allein nicht der absoluten Temperatur proportional wirken, sondern bloss der Temperaturdifferenz.

Zu ganz analogen Ergebnissen wie Verzár am Nerven sind — bei Fortführung der Versuche von Hermann und B. — später Pauli und Matula[2]) am Muskel gelangt. Ihr Befund, dass nicht bloss der Längsschnitt, sondern auch der Querschnitt — und zwar letzterer schwächer und in entgegengesetztem Sinne — thermisch aktiv sei, steht im Widerspruch zu den Beobachtungen von Hermann und B. Bei lokaler Abkühlung des Längsschnittes fanden Pauli und Matula den Abfall der elektromotorischen Kraft des Längsquerschnittstromes stärker — ebenso bei Erwärmung die Zunahme — als bei Temperatur-änderung des ganzen Muskels; in letzterem Falle subtrahiere sich eben die Wirkung auf den Querschnitt von jener auf den Längsschnitt. Die beiden Autoren bestreiten daraufhin, dass die Erfahrungen über den Thermostrom des Muskels endgültig im Sinne der Präexsistenz-theorie entschieden haben; dieselben besässen vielmehr nach keiner

---

f. allg. Physiol. Bd. 11 S. 317. 1910. Vgl. auch S. Garten's Nachweis von Thermoströmen am Nerven und Alleinwirksamkeit lokaler Abkühlung am Längsschnitt (in bezug auf Verschwinden der positiven Nach-schwankung — Pflüger's Arch. Bd. 136 S. 545. 1911).

1) Es wird damit, wie B. (**132**, S. 107 — 1916) mit Recht betont, eine wohldiskutable Annahme gemacht, welche an Th. W. Engelmann's Vorstellung von sogenannter Maskierung des Längsquerschnittstromes beim Nerven anknüpft. — Allgemein könnte man meines Erachtens von einer Umwandlungszone mit Membranfunktion an irgendeiner quer-schnittsnahen Stelle sprechen und dieselbe als Reaktions- oder Resti-tutionsgrenzphase bezeichnen. Vgl. übrigens die Anm. 3 auf S. 38.

2) W. Pauli und J. Matula, Der Thermostrom des Muskels. Pflüger's Arch. Bd. 163 S. 355. 1916.

Richtung hin Beweiskraft. Auch bezüglich der von ihnen selbst allerdings nicht im Detail verfolgten Beziehung von Stromkraft und absoluter Temperatur möchten sich Pauli und Matula die grösste Zurückhaltung auferlegen. Die beiden Autoren deuten ihre Ergebnisse im Sinne von Pauli's [1] Theorie, derzufolge in der erregten oder verletzten Muskel- oder Nervensubstanz elektromotorisch wirksame Ionen, speziell Säureproteinionen und Wasserstoffionen mit erheblichem Beweglichkeitsunterschied [2] — verschieden von den im unversehrten Plasma vorhandenen Elektrolyten — gebildet werden. — Die Verschiedenheit der Auffassung betrifft also den Ursprung der zur Erklärung der bioelektrischen Ströme erforderlichen Differenz an Ionengeschwindigkeit. B. sieht denselben in der elektiven Wirkung der Phasengrenze als Filter oder besser als Lösungsmittel bzw. Bewegungsmedium für die Ionen vorhandener Binnenelektrolyte des Plasmas, während Pauli und Matula Neubildung von Ionen mit primär stark verschiedener Beweglichkeit annehmen. In der Erkenntnis, dass Elektrolytketten eine annehmbare Unterlage der bioelektrischen Erscheinungen darstellen, stimmen beide Standpunkte überein. — An dem dauernden Vorhandensein von, Binnenelektrolyten bzw. Ionen im Plasma und an einer dieselben zurückhaltenden Membranfunktion der Grenzfläche ist meines Erachtens angesichts des Nachweises, dass das Zellinnere eine erhebliche Leitfähigkeit besitzt (Höber), nicht zu zweifeln. Strittig ist meines Erachtens nur, ob die präexistenten Ionen oder die infolge der Erregung neugebildeten Ionen oder beide Ionenarten die bioelektrischen Potentiale bedingen.

Die Grundlagen für die tatsächliche Differenz der Beobachtungen von B. und von Pauli mit Matula sind meines Erachtens noch nicht völlig aufgeklärt. So wenig man die einwandfreie Anlegung eines thermischen Querschnittes seitens der beiden Autoren bestreiten kann [was dieselben mit Recht betonen [3])], so sehr darf die Reinheit der Ableitung vom Querschnitte bezweifelt werden. B. (132, spez. S. 103 — 1916) machte diesbezüglich auf die auffallend niedrigeren Beobachtungswerte für die Kraft des Längsquerschnittstromes aufmerksam, ferner (135 — 1916) auf die kapillare Ausbreitung von Flüssigkeit vom Querschnitt auf den angrenzenden Längsschnitt, wie sie bei direkter Anlegung von Kochsalzelektroden ohne poröses Endglied (nach Pauli

---

1) W. Pauli, Die kolloiden Zustandsänderungen von Eiweiss und ihre physiologische Bedeutung. Pflüger's Arch. Bd. 136 S. 483, spez. S. 489. 1910; Die kolloiden Zustandsänderungen der Eiweisskörper. Fortschr. d. naturwiss. Forschung Bd. 4 S. 223, spez. S. 269. 1912.

2) W. Pauli und S. Odén, Anzeiger der Wiener Akad. d. Wiss. 20. Nov. 1913.

3) W. Pauli und J. Matula, Der Thermostrom des Muskels. Gegen J. Bernstein Pflüger's Arch. Bd. 165 S. 157. 1916.

und Matula) unvermeidlich eintritt. B. deutet daher (**132** und **135** — 1916) die widersprechenden Versuchsergebnisse als Folgen von unreiner, d. h. den Längsschnitt mitbetreffender Ableitung des Querschnittes [1]) — eine Deutung, welche Pauli und Matula selbst ablehnen [2]), ohne allerdings einen experimentellen Gegenbeweis zu erbringen. Andererseits ist aber doch auch mit der Möglichkeit zu rechnen, dass sich im Muskel — speziell bei langdauernden Versuchen —, ähnlich wie beim Nerven eine Reaktions- oder Restitutionsgrenzphase in der Nähe des Querschnittes bilden könnte, wie sie (nach meiner Meinung) allem Anscheine nach beim Verbleiben eines verletzten Muskels im lebenden Tierkörper entsteht und den anfänglichen Längsquerschnittstrom verschwinden lässt.

Immerhin muss heute zugegeben werden, dass eine zwingende, direkte Entscheidung zugunsten der Präexsistenz- oder Membrantheorie auf den von B. eingeschlagenen Wegen noch nicht erbracht ist. Nur von weiteren sorgfältigen Versuchen, die alle möglichen Fehlerquellen berücksichtigen und speziell die Potential- sowie die Temperaturänderungen graphisch registrieren, ist eine solche zu erhoffen. Überhaupt ist das von B. erschlossene Gebiet der thermodynamischen Behandlung der Bioelektrik wie der Kontraktionstheorie noch lange nicht erschöpft. Hat doch B. selbst (**116**, spez. S. 148 — 1908; **130**, spez. S. 2, 6 — 1915) manche wertvolle, bisher n ch ungenützte Anregung zur Weiterforschung ausgesprochen!

Besonders erfreulich ist es zu nennen, dass B. die Musse fand, seinem Hauptarbeitsgebiete noch in den letzten Jahren eine sehr ansprechende zusammenfassende Darstellung — „Elektrobiologie" betitelt — (**123** — 1912) zu widmen, welche nicht bloss weitere naturwissenschaftliche und ärztliche Kreise mit dem Lehrinhalte der modernen Bioelektrik vertraut macht, sondern auch dem Fachmann wertvolle Daten und Anregungen bietet. Enthält das Buch doch auch neue Beobachtungen und Schlussreihen. — Nach einer einleitenden Darstellung der geschichtlichen Entwicklung der Lehre von der tierischen Elektrizität wird zunächst die Theorie der Ketten, speziell nach der thermodynamischen Seite, auseinandergesetzt. Dann folgt eine übersichtliche Darstellung der elektrischen Vorgänge im Muskel und Nerven sowie an Herz und Auge. Besonders wertvoll

---

1) In diesem Sinne könnte auch das von Pauli und Matula (a. a. O. 1916, spez. S. 367, 380, 381) mehrfach beobachtete nachträgliche Ansteigen des Längsquerschnittstromes gedeutet werden als Folge davon, dass das Absterben allmählich vom Querschnitt auf den Längsschnitt fortschreitet und dadurch die anfangs unreine Querschnittsableitung nachträglich zu einer reinen wird.

2) W. Pauli und J. Matula, Der Thermostrom des Muskels. Gegen J. Bernstein. Pflüger's Arch. Bd. 165 S. 157. 1916.

und originell ist das Kapitel über die Membrantheorie, der sich auch
das Verhalten der elektrischen Organe der Zitterfische fügt. Nach
Darlegung der Vorgänge der inneren Polarisation, welche B. auf die
Halbdurchlässigkeit der Fibrillenoberfläche bezieht, werden die Haut-
und Drüsenströme behandelt. Sehr originell und anregend ist die
Darstellung von B.'s elektroosmotischer Membrantheorie, der
zufolge das Dauerpotential der semipermeablen Zellmembranen — neben
dem osmotischen Druck und dem Quellungsdruck bzw. der Wasser-
fixierung seitens der Kolloide [1]) — eine physiologische Bedeutung
für die Bindung und Festhaltung des spezifischen Wassergehaltes
der lebenden Zellen hat. B. bringt eigene neue Beobachtungen [2])
bei über die vitale Fixierung von Wasser in Haut, Muskel und
Blättern (**123**, spez. S. 167—172). Die Reizbewegungen der Pflanzen
führt B. darauf zurück, dass die gereizten Zellen infolge Sinkens
ihres Membranpotentials Wasser an die Gefässe abgeben und sich
dabei verkleinern, wodurch die Bewegung zustande kommt. Bei
der Rückkehr zur Ruhelage werde unter Ansteigen des Membranpotentials Wasser wieder angezogen und festgehalten. Sowohl am
pflanzlichen wie am tierischen Protoplasma gilt nach B. der allgemeine
Satz, dass bei Erregung eine Abnahme des Membran-- bzw. Längs-
schnittpotentials stattfindet, wodurch die erregte Stelle äusserlich
relativ negativ erscheint gegen die ruhende. — Weiterhin erörtert B.
die Frage, ob die elektrischen Potentialgefälle im Organismus eine Bedeutung für den Teilchentransport (Elektrokinese) haben könnten —
etwa bei Herstellung der Kernteilungsfiguren, wobei die Kernschleifen positive Ladung von der Äquatorialplatte nach den Zentro-
somen transportieren könnten (**123**, spez. S. 187—196). Es ergibt sich,
dass die Wanderungsgeschwindigkeit der Kernschleifen jener Grössenordnung nahesteht, welche Kolloidteilchen in einem entsprechenden
Potentialgefälle zukommen würde [3]).

B.'s Forschungsarbeit auf dem Gebiete der allgemeinen Muskel-
und Nervenphysiologie beschränkte sich keineswegs auf das in erster
Linie behandelte Gebiet der Bioelektrik, sondern betraf — wie schon
mehrfach hervorgehoben und belegt wurde — eine grosse Zahl weiterer
Probleme. Über eine Reihe von Arbeiten solcher Art sei, soweit dies

---

1) Vgl. meine Darstellung in der Allgemeinen Physiologie Bd. 1 (1)
S. 152, 175. Berlin 1916.

2) Die bezüglichen, zum Teil gemeinsam mit W. Lindemann (1908
bis 1910) ausgeführten Versuche harren noch der ausführlicheren Ver-
öffentlichung.

3) Meines Erachtens entbehrt diese gewiss feinsinnige Spekulation
gegenwärtig noch zu sehr der tatsächlichen Begründung — zudem ist
die Teilchenbewegung im lebenden Plasma wohl gewiss nicht in erster
Linie elektrokinetischer Natur.

nicht schon in vorhergehendem geschah, berichtet. So hat B. mit seiner Studie über Ermüdung und Erholung des Nerven (35 — 1877) eine sehr anregende Frage angeschnitten, allerdings noch nicht einwandfrei gelöst. Zunächst demonstrierte B. das viel raschere Ermüden des Muskels, verglichen mit dem Nerven: von zwei andauernd indirekt faradisch gereizten Muskeln bleibt der eine, welcher durch einen aufsteigenden konstanten Strom, also durch Leitungsblock, in Ruhe gehalten wird, gut reizbar, auch nachdem die Erregbarkeit des anderen infolge von Ermüdung schon völlig abgesunken ist. Andererseits schafft längerdauernde lokale rhythmische oder konstante Nervenreizung am motorischen Nerven einen Block für Erregungsleitung von einer zentralgelegenen Stelle her — wie es der Vergleich der Hubhöhe des Muskels bei Reizung an einer mehr zentralen und an einer peripheren Nervenstelle lehrt. Die Kurve der lokalen Erholung steigt anfangs langsam, dann rasch durch einen Wendepunkt hindurch, endlich wieder langsam. Analoges wie für lokale elektrische Reizung ergab sich für lokale mechanische und chemische Reizung sowie für lokale Erwärmung. Auch am sensiblen Nerven bewirkt Tetanisierung lokale Leitungsstörung mit nachfolgender Erholung. — Gewiss bestehen gewichtige Bedenken, die produzierte lokale Beeinträchtigung der Leitung als Ermüdung zu betrachten, wie dies B. selbst (35, S. 301) hervorhebt. Eine physiologische Ermüdung des Nerven müsste ja für den Leitungsreiz, also bei Leitungsbeanspruchung, nicht bei lokaler Einwirkung zutage treten. B.'s Schlussfolgerung auf Ermüdbarkeit des markhaltigen Nerven wurde bekanntlich von Wedensky (1884), Maschek (1887), Bowditch (1890) und Szana (1891), Howell (1894), Lambert (1894), Tur (1899), Durig (1901) — ähnlich A. Beck (1908) — bestritten, welche auch nach stundenlanger Reizung keine wahre Ermüdung feststellen konnten. Neuerdings gelang jedoch Garten (1903), H. v. Bayer (1903), F. W. Fröhlich (1904), Burian (1907), Thörner (1908—1912), L. Haberlandt[1]) (1910—1911), Fillié, Arends (1914) der einwandfreie Nachweis einer wahren Leitungsermüdung, welche allerdings unter physiologischen Verhältnissen nicht in Betracht kommt.

Ein sehr bedeutsamer Fund B.'s war der Nachweis einer Erregungszeit der Nervenendorgane im Muskel (45 — 1882). Diesen „Zeitverlust im Nervenendorgan" oder in der Kontaktzone bestimmte B. am Nervmuskelpräparat des Frosches zu 0,0032″ im Mittel (myographisch) bzw. 0,0031″ (bioelektrisch). Daraufhin bezeichnete B. die Entladungshypothesen (Krause, Kühne, E. du Bois-Reymond),

---

1) Vgl. deren zusammenfassende Darstellung: Über Stoffwechsel und Ermüdbarkeit der peripheren Nerven. Sammlung anat.-physiol. Versuche. Herausg. von Gaupp und Trendelenburg. Heft 29. Jena 1917.

denen zufolge die Muskelsubstanz durch einen vom Nervenende ausgehenden elektrischen Strom gereizt werden sollte, als höchst unwahrscheinlich. Er vermutet vielmehr irgendeinen molekularen Vorgang — sei es explosiven oder fermentativen oder elektrochemischen Charakters —. von bestimmter Entwicklungszeit als Grundlage der Muskelreizung vom Nervenende aus.

Auch an der heute gesicherten Erkenntnis, dass Nerv und Muskel für Querdurchströmung unempfänglich sind, hat B. einen nennenswerten Anteil. Unter seiner Leitung hatte zunächst Bernheim (V — 1874) am Nerven wie am curaresierten M. sartorius die Querdurchströmung fast oder ganz wirkungslos befunden — ein Ergebnis, dem Sachs (1874) und Tschiriew (1877) widersprachen, während es Giuffrè (1880) und andere bestätigten. Bernheim formulierte die Regel, dass die zur Hervorbringung gleicher Wirkung erforderlichen Stromstärken umgekehrt proportional seien dem Kosinus des Durchströmungswinkels. — Später erhärtete die Untersuchung eines anderen Schülers von B., D. Leicher (XXX — 1888), die Tatsache der Unerregbarkeit des curaresierten M. sartorius bei reiner Querdurchströmung im Tauchtroge sowohl für konstante wie für Induktionsströme. Nach Abtötung der Muskelenden war der Muskel auch durch Längsdurchströmung mässiger Stärke nicht mehr zu erregen, während er herausgehoben für die durch Tonspitzen aus der Tauchwanne zugeleiteten Stromzweige bei Anlegen an lebende Partien sehr wohl noch reizbar ist. L. schloss, dass rein auf den Querschnitt einwirkende elektrische Reize effektlos seien.

In feinsinniger Weise benützte weiterhin B. (72 — 1895) die Ranvierschen Beugungsspektren, welche bei Durchleuchtung des Stabgitters der Q-Scheiben der quergestreiften Muskelfaser entstehen, einerseits zur Berechnung der „Spaltbreite", für die er den Wert von 0,0033 mm bei Ruhe fand, was dem Abstande der Q-Scheiben im Froschmuskel entspricht. Andererseits untersuchte er die bei lokalisometrischer Kontraktion eintretende Verbreiterung der Spektren (gleich wie Ranvier, Zoth). Es ergab sich auf Grund photographischer Registrierung, dass die Muskelsubstanz während der Kontraktion lichtdurchlässiger wird, wobei jedoch in den Gipfel der Kontraktion eine Depression fällt. Dehnung bewirkt Abnahme der Lichtdurchlässigkeit.

Das bereits 1871 (21, spez. S. 242) bezeichnete Problem der reflektorischen Erregungsschwankung des Nervenstromes hat B. 1886—1898 (83, 84 — 1898) eingehend mit einem hochempfindlichen Galvanometer bearbeitet und den bioelektrischen Reflexvorgang, ebenso die bloss einsinnige Leitung im Reflexbogen festgestellt. Zunächst wurden je ein gemischtfaseriger Ast des Plexus lumbalis gereizt und die beiden anderen Äste zum Galvanometer abgeleitet; weiterhin wurden Vorder- und Hinterwurzeln abwechselnd gereizt bzw. abgeleitet. Aus der Einsinnigkeit der Leitung schloss B. auf das Bestehen einer „ventilartigen Einrichtung im Rückenmark", welche den Durchgang der Erregungswelle nur in einer Richtung gestattet — er vermutete diese Einrichtung in der spinalen senso-motorischen Kontaktzone. An diese Feststellung B.'s schloss sich eine mehrfache Polemik (**90, 92, 94** — 1900; **99, 100** — 1902) mit L. He rm ann an, der die Erscheinung der „Irreziprozität der Reflexleitung" als allgemein bekannt bezeichnete und auf eine ganz ungefähre Bemerkung in seinem Lehrbuch verwies, auf welche allerdings kein berechtigter Prioritätsanspruch gegründet werden konnte. B. wie H. übersahen dabei, dass einer ganz analogen älteren Beobachtung von Mislawsky[1]) die Priorität an Publikation gehörte, ebenso, dass bereits Gotch und Horsley[2]) die Einsinnigkeit der Erregungsleitung in der kortiko-muskulären Bahn festgestellt hatten. (Ich selbst betrachte die Einsinnigkeit der Erregungsleitung in Nervenzellketten als Ausdruck einer Verschiedenheit des Erregungsvorganges in den einzelnen Neuronen bzw. als Folge einer verschiedenen elektiven Reizbarkeit der Folgeneuronen einer Leitungsbahn — so dass wohl das Neuron 1 das Folgeneuron 2, dieses das Folgeneuron 3 zu erregen vermag, nicht aber umgekehrt das Neuron 3 das Vorneuron 2, dieses das Vorneuron 1. Diese Vorstellung bricht allerdings mit der von B. festgehaltenen Hypothese der Identität des Erregungsvorganges in allen Nervenfasern.)

II. Beiträge zur Molekularphysik der lebenden bzw. kontraktilen Substanz.

Die im Grunde genommen nicht physiologische, sondern philosophische Frage nach der Grundlage des Lebens hat B. immer wieder angezogen. Hatte er doch als junger Mann den berechtigten Einspruch von Helmholtz und E. du Bois-Reymond gegen den Vitalismus eines G. E. Stahl u. a. mit seinen Verstössen gegen das Prinzip der Erhaltung der Energie[3]) und die anschliessenden literarischen Kämpfe, welche durch der Parteien Gunst und Hass oft arg verwirrt waren, in der Frage pro und contra Lebenskraft miterlebt.

1) N. Mislawsky, Sur le rôle des dendrites. C. R. soc. biol. 1895 p. 488.

2) F. Gotch und V. Horsley, On the mamalian nervous system. Philos. Trans. vol. 182 B p. 267, spez. p. 481. 1891.

3) B. (**40** — 1880) glaubte allerdings, dass dieses umgekehrt das Recht gebe, „alle objektiven Vorgänge in den Organismen nach mechanischen Prinzipien für erklärbar zu halten" — ein Standpunkt, welchen ich persönlich nicht teile. Vgl. meine Ausführungen in meiner Allg. Physiologie Bd. 1 (1) Kap. I. Berlin 1916.

Entsprechend seiner Veranlagungs- und Denkweise nach der bio-physikalischen, nicht so sehr nach der kritisch-philosophischen Seite hin pflichtete B. in einer als Preisverkündigungsprogramm erschienenen Schrift (**40** — 1880) dem Monismus eines E. du Bois-Reymond bei, d. h. er fasste den Lebensvorgang an sich als einen rein materiellen chemisch-physikalischen auf und setzt „an die Stelle der Lebenskraft die bekannten Kräfte der toten Natur". B. machte jedoch gleich seinem Lehrer E. du Bois-Reymond[1]) Halt vor dem Versuche einer mechanistisch-monistischen Auffassung der psychischen Er-scheinungen, des Subjektiven[2]).

Die phänomenologische Verschiedenheit der lebenden Substanz gegenüber dem unbelebten Stoff erachtete B. speziell durch das Hervortreten von Kontaktkräften (Adhäsion, Reibung, Kapillarität, Diffusion, elektrische Spannung, Katalyse) an den Grenzen differenter Phasen begründet, welche die besonderen Bedingungen für die Wirkung der chemischen Kräfte abgeben. Die Kontaktkräfte bewirken Aus-lösungen wie Hemmungen chemischer Prozesse. Als Beispiele werden die reaktive Bildung von Kontaktmembranen (sogenannte künstliche Zellen nach M. Traube), die eventuelle Bedeutung elektrischer Kon-taktkräfte für Teilungs- und Wachstumsvorgänge erörtert.

Die beiden Seiten des Lebensprozesses bezeichnete B. (**40** — 1880) als anenergetische oder thermonegative und als katenergetische oder thermopositive Veränderung. Interessant ist, dass B. hiebei (**40**, spez. S. 6 — 1880) das Problem der Wärmetönung des Entwicklungsprozesses tierischer Eier berührt — ebenso, dass er die Hypothermie nach Muskel-anstrengung oder Fieber auf Wärmebindung bei Erholung zurückführt.

Demgemäss betrachtet B. die lebende Materie als einen durch Kontaktkräfte regulierten Molekularmechanismus, der aus Aggregaten chemisch-differenter Molekelgruppen — sogenannten physiologischen Molekeln — zusammengesetzt sei. Dieselben werden als feste, kri-stallinische Körperchen in einer Flüssigkeit angenommen und mit E. v. Brücke's hypothetischen Disdiaklasten der quergestreiften Muskelfaser identifiziert. B. antizipierte damit in gewissem Grade die Auffassung des Protoplasmas als „heterogenes System koexistenter Phasen" (Zwaardemaker). Aus dem Teilungsvorgange glaubte B. schliessen zu können auf eine Anordnung der physiologischen Molekeln nach bestimmten Richtungen des Raumes, auf eine vektoriale Ver-kettung. Die Bildung physiologischer Molekeln betrachtete B. als

---

1) E. du Bois-Reymond, Über die Grenzen des Naturerkennens. (1872) 10. Aufl. Leipzig 1907, spez. S. 44. „Es ist also das Problem der Empfindung, bis zu dem die analytische Mechanik reicht."

2) Vgl. auch B.'s Rektoratsrede (**61**, spez. S. 12 — 1890) sowie seine Rede zur Eröffnung des neuen physiologischen Instituts (**42** — 1881).

einen Kristallisationsprozess, die Stoffwechselvorgänge als in der oberflächlichen Kontaktzone ablaufend. — Eine mehr populäre Darstellung seiner mechanistischen Theorie des Lebens gab B. in seiner Rektoratsrede (**61** — 1890), wobei er die Leistungen physikalischer und chemischer Gesichtspunkte und Methoden auf dem Gebiete der Physiologie, die ihm wesentlich als angewandte Physik und Chemie erscheint, eindringlich betont. Als spezielle Argumente für seinen philosophischen Standpunkt führt B. an die Erfolge der Synthese organischer Verbindungen, ferner den Nachweis der Energieäquivalenz auch für die lebende Substanz, endlich die Deutung der organischen Zweckmässigkeit im Sinne des Darwinismus. [Ich persönlich [1]) vermag allerdings hierin keine berechtigte Begründung einer mechanistisch-monistischen Lebenstheorie zu erblicken, so berechtigt auch die Kritik gewisser, speziell älterer Anschauungen des Vitalismus zu nennen ist.]

Gegenüber der Thomson-Clausius'schen Deduktion des sogenannten Wärmetodes für das Universum auf Grund des Entropieprinzips erörterte B. (**115** — 1907) — ähnlich wie Sv. Arrhenius (1906) — die Möglichkeit, dass die ausgestrahlte Energie an der Grenze der Ätheratmosphäre eine Reflexion erfahre. Daraufhin wird ein periodischer Wechsel von entropischen und anatropischen Daseinsphasen des Universums angenommen [2]).

Das Problem der Struktur der lebenden Substanz beschäftigte B. unausgesetzt weiter. Er setzte sich dabei zunächst (**87** — 1899) kritisch auseinander mit der Theorie der Atomverkettung in der lebenden Substanz, welche der Botaniker G. Hörmann [3]) entwickelt hatte. Er lehnte dabei dessen Theorie der Plasmaströmung ab, bezeichnete hingegen bereits damals (1899) G. Quincke's Hinweis auf Oberflächenspannung als vielversprechend — eine Erkenntnis, die B. selbst weiterhin ausbaute. — Die Auffassung primitiver Plasmen als freier Flüssigkeiten bzw. als Mischungen ohne Struktur bezeichnet B. (**87** — 1899) zwar als recht wohl denkbar, doch lehnt er eine blosse Emulsionsvorstellung für höher differenzierte Plasmen, speziell für die Muskel- und Nervenfaser ab und nimmt hier eine besondere Struktur auf Grund von regulärer Molekelanordnung an.

---

1) Vgl. meine Allg. Physiologie I (1), Kap. I, spez. S. 46. Berlin 1916.

2) Persönlich kann ich mich allerdings einer solchen Vorstellung nicht anschliessen. Ich verweise auf L. Boltzmann's klassischen Ausspruch: „Alle Versuche, das Universum von diesem Wärmetode zu erretten, blieben erfolglos" (Populäre Schriften S. 33. Leipzig 1905), sowie auf meine Allg. Physiologie I (1), spez. S. 32ff. Berlin 1916.

3) G. Hörmann, Die Kontinuität der Atomverkettung, ein Strukturprinzip der lebendigen Substanz. Jena 1899. Vgl. auch dessen Erwiderung an Bernstein: Zur chemischen Kontinuität der lebendigen Substanz. Biol. Zentralbl. Bd. 19 S. 571. 1899.

Dieselbe mag nach B. im primitiven Plasma durch ringförmig geschlossene Molekelketten vorgebildet sein, die sich bei der Differenzierung öffnen und längs wie quer aneinanderschliessen. In der Nerven- und Muskelsubstanz nimmt B. zur Erklärung der Reizbarkeit und Erregungsleitung — ohne damit zugleich die Kontraktionsvorgänge erklären zu wollen — eine Aggregation von Molekeln in Längsreihen an, wobei eine Verkettung durch chemische Affinität, etwa durch Vermittelung von O-Atomen, stattfinde. An der Längsfläche, nicht aber in der Querrichtung bestehe Polarisierbarkeit. — An den Längsseiten der Molekeln finden sich die dem Tätigkeitsstoffwechsel unterliegenden Atomgruppen angelagert. Reizung durch den elektrischen Strom bewirke Auftreten bestimmter Ionen an der Längsfläche der Muskel- oder Nervenfaser und Verbindung derselben mit bestimmten angelagerten Atomgruppen daselbst. Aus diesen Grundvorstellungen leitete B. alle Vorgänge elektrischer Reizung sowie alle elektromotorischen Erscheinungen zusammenfassend ab (vgl. oben S. 29).

Wertvolle allgemein-physiologische Gesichtspunkte entwickelte B. in einem Aufsatze über Wachstum und Befruchtung (85 — 1898) bezüglich der Auffassung der Entwicklungsvorgänge. Er unterscheidet beim Wachstumsvorgang treibende, erregende und hemmende Kräfte — ähnlich wie sie für die Erscheinungen der Erregung, speziell der rhythmischen, seit längerem (besonders von E. F. W. Pflüger) angenommen werden. Die Befruchtung bestehe in einem Zurückdrängen der hemmenden Kräfte infolge einer maximalen Organisationsdifferenz der beiden Arten von Zeugungszellen. Wertvoll ist die von B. gegebene Charakteristik der „morphologischen Deutungen eines biologischen Vorganges" als „Aufstellung der Bedingungsgleichungen" und die Begriffsbestimmung der kausal-mechanischen Analyse als „analytische Berechnung".

Erst in reiferen Jahren wandte sich B. der experimentellen Bearbeitung eines Problems zu, welches bei ihm allerdings schon lange vorher durch die oben gekennzeichneten allgemein-physiologischen Spekulationen vorbereitet war — der Frage nach der Grundlage der Plasmabewegung überhaupt und der Muskeltätigkeit im besonderen.

Den ersten Beitrag zur Lehre von den Kräften der vitalen Bewegung bildete das bekannte reizvolle Experiment B.'s (91 — 1900), die amöboide Bewegung nachzuahmen in Form des Chemotropismus eines Quecksilbertropfens in 20% Salpetersäure bei Annäherung eines Kristalls bzw. einer Lösungszone von doppeltchromsaurem Kali. Rhythmische Oszillationen eines Quecksilbertropfens unter diesen Bedingungen hatte bereits Paalzow (1858) beobachtet; die amöboiden Bewegungen sah erst B. und erkannte in ihnen einen wichtigen Fingerzeig für die Mechanik der analogen Bewegung des Protoplasmas. Er führte die am Quecksilbertropfen beobachteten Formänderungen zurück auf lokale Abnahme (eventuell auch Zunahme! — vgl. die gelegentliche Sichelform) der Oberflächenspannung, und zwar infolge örtlicher Bildung von chromsaurem Quecksilber. B. pflichtete daraufhin der von G. Quincke aufgestellten, von Berthold und Verworn angenommenen Theorie bei, dass die amöboide Bewegung auf örtliche, sei es exogene, sei es endogene Änderung der Oberflächenspannung zurückzuführen sei. In beiden Fällen setzte sich chemische Energie in Oberflächenenergie bzw. diese in mechanische Leistung um.

Von dieser Grundidee ausgehend, bemühte sich B. (95 — 1901; 97 — 1902), die gesamten Bewegungsleistungen, speziell auch die mechanischen Leistungen sowohl der glatten wie der quergestreiften Muskelfaser, von einem einheitlichen Gesichtspunkte zu erfassen und auf Oberflächenenergie zurückzuführen. B. nimmt ein Wachsen der Oberflächenenergie bzw. eine Minderung der Oberfläche bei der Tätigkeit an und führt diese Vorstellung in mathematischer Formulierung aus. Beim fibrillierten kontraktilen Plasma zieht B. in erster Linie die Oberflächenspannung zwischen den Fibrillen und dem dieselben allseitig umhüllenden Sarkoplasma in Betracht, wobei allerdings den Fibrillen nicht die Natur einer Flüssigkeit zugeschrieben werden kann [gegenüber Jensen[1])], sondern ein gallertiger Aggregatzustand mit geringer, aber vollkommener Elastizität. Erst in zweiter Linie kommt die Oberflächenspannung zwischen Muskelzelle und Interzellularflüssigkeit [2]) oder zwischen den anisotropen und isotropen Zonen der Fibrillen in Frage. — In der Querstreifung sieht B. nur eine Einrichtung zur Steigerung der Kontraktionsgeschwindigkeit, und zwar auf Grund von Vergrösserung der reagierenden Oberfläche, wodurch gewissermaassen eine Zusammensetzung der Fibrille aus länglichen Teilkörperchen resultiert. Die Berechnung B.'s führt allerdings — solange man die mikroskopisch wahrnehmbaren Fibrillen mit etwa 37 Millionen pro 1 qcm Querschnitt in maximo als letzte Elemente betrachtet — zu unwahrscheinlich hohen Werten an kontraktiver Oberflächenspannung (α_K), welche allerdings mindestens zehnmal so gross anzunehmen ist als der Ruhewert (α_R) — nämlich $\alpha_K = 0{,}468$ bis herab zu $0{,}105$ g pro 1 qcm gegen Quecksilber-Wasser $0{,}421$ und Öl-Wasser $0{,}021$. Demnach genügen die überhaupt möglichen Werte der Oberflächen-

---

1) P. Jensen, In Sachen des Aggregatszustandes der lebendigen Substanz. Pflüger's Arch. Bd. 83 S. 3. 1900, und Untersuchungen über Protoplasmamechanik. Ebenda Bd. 87 S. 361. 1901.

2) Diese ist nach B. (131, spez. S. 600 — 1916) möglicherweise die Grundlage des Muskeltonus.

spannung zwischen Sarkoplasma und mikroskopisch wahrnehmbaren
Fibrillen nicht, um die Kraft der Muskelkontraktion zu erklären.
B. schliesst daher — ähnlich wie M. Heidenhain [1]) — auf eine
weitere metamikroskopische Längsaufteilung der Fibrille in je 10 bis
20 Einzelelemente (mit etwa 10^{-5} cm als Einzelradius bei einer Zahl
von $2\frac{1}{2}$ Milliarden pro 1 qcm Querschnitt bzw. 2.10^{-6} cm als Durch-
messer der molekularen Wirkungssphäre und einem Werte von $\alpha_K =$
0,036 g gegen $\alpha_R = 0,002$ g pro 1 qcm). B. nimmt an, dass in der
Oberflächenschicht der Fibrillen chemische Energie direkt in Oberflächenenergie übergehe, in der übrigen Fibrillen- bzw. Muskelsubstanz
hingegen direkt in Wärme. Die Oberflächenspannungstheorie der
Muskelkontraktion entspricht der prinzipiellen Forderung A. Fick's,
dass der Muskel keine thermodynamische, sondern eine chemodynamische Maschine ist — mit primärer Entwicklung von Wärme als Neben-
produkt. Bezüglich der Gestalt der kontraktilen Elemente wird nur
die Voraussetzung gemacht, dass bei der Verkürzung ihrer Längsrichtung ihre Oberfläche kleiner werden muss, was ja beim Übergang
eines Lang-Prismas in einen Würfel von gleichem Volumen der Fall
ist [2]). Die Theorie B.'s bedeutet meines Erachtens — ähnlich wie die
älteren, nicht so detailliert ausgeführten und begründeten Vorstellungen von J. Gad (1892), Imbert (1897), P. Jensen (1900) —
auch heute noch die fruchtbarste und ungeachtet mancher Schwierigkeiten [3]) ansprechendste allgemeine Erklärung der Plasmabewegung
überhaupt. Führt sie doch die unorientierte wie die orientierte Bewegung auf dasselbe Prinzip der Kapillarkräfte zurück, unter denen
bekanntlich die Oberflächenenergie ebenso wie die elektrische Energie
eine fast totale Umwandlung in freie, d. h. zu nutzbarer Arbeit ver-
wertbare Energie gestattet — nicht wie die Wärme eine bloss par-
tielle. — Eine mehr populäre Darstellung seiner Theorie gab B. in
einer gesonderten Schrift (**97** — 1902).

Auch weiterhin war B. bis an sein Lebensende bemüht, die Oberflächenspannungstheorie der vitalen Bewegung zu stützen und zu

---

1) M. Heidenhain, Plasma und Zelle II S. 654ff. Jena 1911.

2) So weist ein Prisma von doppelter Höhe und gleichem Volumen
wie ein Würfel eine Oberfläche von 1,1093 gegenüber 1 auf, also ein Plus
von 11%.

3) Daraus, dass der angenommene Fibrillenradius von 10^{-5} cm selbst
schon der Grösse der molekularen Wirkungssphäre, innerhalb welcher
die der Oberflächenspannung zugrundeliegende Molekelattraktion erfolgt
(nach Quincke-Sohnke 10^{-5}, nach Drude jedoch 10^{-6} bei einer Mo-
lekelgrösse von etwa 10^{-7}; vgl. oben S. 27 Anm. 2), entspricht, ergibt
sich keine Schwierigkeit — wie dies B. (**109** — 1905) gegenüber der Kritik
von M. Heidenhain (Anat. Hefte I. Abt. 79./80. Heft bzw. 26. Bd
Heft 2/3 S. 197. 1904; Antwort 27. Bd. 1905) betonte.

verteidigen. So gelangte er gegenüber dem Einwand, dass die Muskelkraft etwa durch osmotischen Druck oder Quellungsdruck erzeugt werden könne, in einer bedeutsamen kritischen Studie (**111** — 1905) zu einem negativen Ergebnis. Wie besondere Beobachtungen an einem Gummiballon bei zunehmendem Füllungsdruck lehren, müssten die Elemente der Muskelfaser aus kleinen, mit längsgefalteten[1]) Wandungen versehenen Bläschen in bestimmter Anordnung bestehen (wie es Reulaux sowie W. McDougall 1898 annahmen) — dann könnte eine bei der Muskeltätigkeit entstehende Erhöhung des osmotischen oder des Quellungsdruckes zur Erklärung ausreichen. Jedoch besteht für eine solche Annahme gar keine Wahrscheinlichkeit[2]). Gegen jede osmotische oder Quellungstheorie der Muskelkontraktion erhebt sich einerseits die Schwierigkeit der Konstanz des Volumens des arbeitenden Körpers, andererseits die Notwendigkeit der Annahme einer ausserordentlich raschen Wasserbewegung.

B. stützte seine Oberflächenspannungstheorie weiterhin (**116, 117** — 1908) durch eine sehr feinsinnige Untersuchung über den Temperaturkoeffizienten (d. h. den Änderungsgrad mit der Temperatur $\dfrac{dF}{dT}$) der gesamten freien mechanischen Energie des Muskels. Zur Ermittelung von dessen Vorzeichen und Grösse[3]) wird die mechanische Gesamtleistung (Spannung oder Arbeit) bei verschiedener Temperatur ermittelt, und zwar unter gleichzeitiger Verwendung eines abgekühlten und eines erwärmten Muskels. Durch diese neue „Kompensationsmethode" wird der elementare Fehler vermieden, welcher — wie B. erstmalig erkannte — allen bisherigen Untersuchungen über den Einfluss der Temperatur auf Anspruchs-

---

1) Die gegenteilige Annahme, dass schon Zylinder mit einfach elastischen Wandungen genügen würden (McDougall), wies B. (**120** — 1909) gegenüber W. Biedermann (Ergebn. d. Physiol. Bd. 8, 1909, S. 26, spez. S. 183) zurück, da solche Hohlkörper sich bei Zunahme des Innendruckes verlängern würden, wie besondere Versuche an Schläuchen lehren.

2) Eine solche kann ich auch der Voraussetzung der L. Wacker'schen Kohlensäuretheorie der Muskelkontraktion — der Annahme eines Wabenbaues der Fibrillenglieder, auf Grund dessen die Produktion von CO_2 zu intraplasmatischer Drucksteigerung bzw. Verkürzung führe — nicht zuerkennen (L. Wacker, Chemodynamische oder Kohlensäuretheorie der Muskelkontraktion. Pflüger's Arch. Bd. 168 S. 147. 1917 und Bd. 169 S. 492. 1917); Analoges gilt von den Anschauungen von H. E. Roaf, Proceed. Roy. Soc. Ser. B. 88 S. 139. 1914.

3) Zu berechnen nach der Formel $K_{10} = \dfrac{P_2 - P_1}{P_1 \cdot t} \cdot 10$, wobei $P_2 =$ Leistung bei höherer, $P_1 =$ bei niederer Temperatur, $t =$ Temperaturdifferenz bedeutet. K_{10} ist demnach das Zehnfache des relativen Zuwachses für $+ 1^0$ C.

fähigkeit, Gesamtenergie und Sekundenleistungsfähigkeit des Muskels
anhaftet, nämlich die von B. detailliert nachgewiesene gleichzeitige
Änderung des Leitungswiderstandes und damit der Reizstärke im
Muskel mit der Temperatur [1]). In Versuchen am Froschgastrocnemius
mit Verkürzung des Gesamtmuskels, denen B. später (**118** — 1908)
gleichsinnige am Semimembranosus mit lokaler Verdickung beifügte,
ergab sich bei Abkühlung unter Zimmertemperatur (von 16—21⁰
auf 4—0⁰ C.) im allgemeinen ein Wachsen der Zuckungshöhe, und
zwar ausnahmslos bei isometrischem [2]) Verfahren und starken Öff-
nungsschlägen, bei Erwärmung (von 18—20⁰ auf 30—31⁰ C.) ein
Sinken. Die daraus berechnete Kraftänderung für $+1^0$ C. ergibt
Rohwerte, welche vorwiegend negatives Vorzeichen besitzen, und
zwar für isometrische Zuckung im Rohmittel $K = -0,0195$, für iso-
tonische Zuckung bei Abkühlung $K = -0,01$, bei Erwärmung $K =
-0,016$. Bei tetanischer Reaktion ergibt sich stets eine allerdings
sehr schwankende scheinbare Abnahme der Kraft bei Abkühlung
bzw. ein sehr wechselnder positiver Gesamtkoeffizient.

Bei der theoretischen Auswertung dieser empirischen Daten im
Sinne einer Thermodynamik der Muskeltätigkeit ist zu berücksichtigen,
dass zu unterscheiden ist einerseits ein chemischer Temperaturkoeffizient
der umgesetzten Gesamtenergie, andererseits ein physikalischer Temperaturkoeffizient der freien Energie, d. h. jener Energieform, vermöge
derer die chemische Energie in mechanische Leistung verwandelt wird.
Der erstere ist allerdings dadurch kompliziert, dass die Summe der
ausgelösten chemischen Energie selbst von der Temperatur abhängt,
und zwar offenbar zwischen 0 und 18⁰ langsam, zwischen 18 und 30⁰
rascher wächst. Auch sind gesonderte Temperaturkoeffizienten [3]) für
Reizbarkeit, Leistungsfähigkeit, Leitungsvermögen — ebenso für aus-

---

1) Auf diesen Umstand ist, wie B. (**116**, spez. S. 135 — 1908) nachwies,
das Scheinergebnis von J. Gad und G. Heymans (Einfluss der Temperatur auf die Leistungsfähigkeit der Muskelsubstanz. Du Bois' Arch. f.
Physiol. Suppl. S. 59. 1890) zu beziehen, dass die Zuckungshöhe des
Froschmuskels bei Erwärmen von 19⁰ auf 30⁰ C. wieder ansteige. Bei
einwandfreier Methodik erhielt B. nur fortschreitende Abnahme beim
Erwärmen. Dass bei Abkühlung die lokale Kontraktionsdauer zunimmt,
die lokale Kontraktionswelle jedoch nicht niedriger wird, hat bekanntlich B. (**21**, spez. S. 87 ff. — 1871) nachgewiesen; hingegen fehlen noch
einwandfreie Versuche über die Abhängigkeit des Leitungsvermögens
des Muskels von der Temperatur (B. **118**, spez. S. 2 — 1908). Das Dekrement ist anscheinend in der Kälte grösser (B. **116**, spez. S. 173 — 1908).

2) Bei isometrischen Zuckungen werden die Spannungen so gross,
dass bei jeder Temperatur fast das Maximum der auslösbaren Energie
frei wird, wodurch der negative physikalische Temperaturkoeffizient zu
deutlichem Übergewicht gelangt (B. **116**, spez. S. 171 — 1908).

3) Dieselben stehen allerdings in einem bestimmten funktionellen
Zusammenhang (B. **116**, spez. S. 155 — 1908).

gelöste Energiemenge und für Reaktionsgeschwindigkeit — zu unterscheiden [1]). Der chemische Temperaturkoeffizient für die Spaltungs- und Oxydationsvorgänge [2]) während der Muskeltätigkeit ist positiv anzunehmen. Im Gegensatze dazu erweist sich jener der freien Energie als negativ, indem bei der direkten Beobachtung — also bei arithmetischer Summierung — vielfach wechselnde oder direkt negative Vorzeichen festgestellt wurden. Im Gegensatze zur Abnahme des chemischen Gesamtumsatzes bei sinkender Temperatur wächst dabei — ähnlich wie bei Belastung (A. Fick) — der Nützlichkeitsfaktor oder ökonomische Koeffizient.

Bezüglich des Verhaltens bei tetanischer Reaktion ist zu erschliessen, dass hier bei steigender Temperatur die ausgelöste Energiemenge infolge von Summation in solchem Grade wächst, dass die Abnahme ihres in freie Energie umgewandelten Anteiles nicht direkt zum Vorschein kommt.

Der bei Zuckungsreaktion zweifellos festgestellte n e g a t i v e Charakter des relativen Zuwachses der freien Muskelenergie pro Grad (innerhalb der Grenzen $0—30^0$) gestattet nun einen sehr wichtigen Schluss auf die Energieform, welche den Umsatz von chemischer Spannkraft in mechanische Leistung, d. h. Arbeit oder Spannung, vermittelt. So ist der osmotische Druck, welcher durchweg einen positiven Temperaturkoeffizienten aufweist, mit Sicherheit auszuschliessen [3]). Mit Wahr-

---

1) Angesichts der Komplikation jedes lebenden Systems durch eine Fülle von Partialtemperaturkoeffizienten ist die Anwendung der Reaktionsgeschwindigkeits-Temperaturregel naturgemäss roh und haben die empirischen Werte für Q_{10} nur summative Bedeutung (B. **116,** spez. S. 157ff.).

2) Schon hier gibt B. (**116,** spez. S. 159 — 1908) eine Darlegung dafür, dass die Spaltung von Traubenzucker in Milchsäure, wobei bloss 2,8 % der Verbrennungswärme des Zuckers freigemacht werden, die Leistung des mit 20, ja 40 % Nutzeffekt tätigen Muskels nicht zu decken vermag — gegenüber A. Fick bzw. J. Gad und G. Heymans (a. a. O. 1890).

3) Hingegen ist B. (**110** — 1905) geneigt, dem osmotischen Druck zum Teil wenigstens eine Bedeutung für die Wasserbewegung bei der Sekretion zuzuschreiben. In der sezernierenden Zone der Drüsenzellen mögen durch chemischen Zerfall Substanzen entstehen, die durch die für diese Substanzen impermeable nicht-sezernierende Zone hindurch osmotisch Wasser „anziehen". Speziell vermutet B. solches für die Gallenabsonderung. Nach dieser Vorstellung müsste der osmotische Druck des Drüsensekretes gleich sein jenem des Blutes, vermindert um den Kapillarblutdruck. Der Vergleich des defibrinierten Blutes und der Galle von Schlachttieren ergab Werte Δ Blut — Δ Galle $= + 0,0344$ bis $+ 0,0492^0$ C., welche zwar nach dem Temperaturmaasse geringfügig erscheinen, nach dem Druckmaasse (1^0 C. $= 12,07$ Atmosphären) jedoch bereits unmögliche Werte für den Kapillarblutdruck ($315,5 — 451,3$ mm Hg) ergeben würde. Bei gleichzeitiger Entnahme von Blut und Galle am lebenden Hund ergaben sich hingegen geringere Unterschiede von wechselndem Vorzeichen (Grenzen $+ 0,025^0$ C.). Trotz dieses unklaren Ergebnisses vermutet B., dass der

scheinlichkeit gilt dasselbe — wenigstens innerhalb der im Organismus in Betracht kommenden Temperaturgrenzen — für die Quellung. Gegen das Inbetrachtkommen elastischer Energie für die Muskelkraft spricht der Umstand, dass jene im ruhenden Muskel anscheinend einen positiven Temperaturkoeffizienten besitzt. Es ergibt sich daher mit höchster Wahrscheinlichkeit die Oberflächenenergie als Vermittlerin der Muskelkraft.

In besonderen stalagmometrischen Versuchen — mit einem sehr zweckmässigen Tropfenzähler für wechselnde Temperatur — findet B., dass der Temperaturkoeffizient der Oberflächenspannung kolloider Lösungen eine hinreichende Annäherung an jenen der Muskelenergie ergibt, z. B. 4—8%ige natürliche Eiweisslösungen (Blut, Serum, Milch) den Wert $K = -0,008$ gegen den am weit eiweissreicheren Muskel ermittelten Rohwert $K = -0,015$.

Gegen B.'s Schlussfolgerungen wandte sich Fr. W. Fröhlich.[1]), welcher an der Krebsscherenmuskulatur bei Verzeichnung der Gesamtzuckung zwar gleichfalls Höhenzunahme bei Abkühlung, Abnahme bei Erwärmung erhielt, jedoch die Zunahme als eine scheinbare betrachtete und auf Summation der Kontraktion in den Muskelabschnitten [infolge Verlängerung der Gesamtzuckungsdauer [2]) bzw. Verlangsamung der Erregungsleitung] zurückführte. B. (**116**, spez. S. 172 — 1908) bemerkte jedoch dazu, dass angesichts der geringen Länge der zu den Versuchen verwendeten Muskelfasern selbst eine Verdoppelung der Wellenlänge in der Kälte nur eine ganz minimale Steigerung der Gesamtverkürzung hervorzubringen vermöchte. Eine direkte Widerlegung des obigen Einwandes, den Fr. W. Fröhlich [3]) noch ein-

---

osmotische Druck der Galle und der Blutdruck meistens ausreichen, um die Abscheidung des Wassers in Form der Galle zu erklären. Er betont jedoch, dass die Wasserbewegung bei den Vorgängen der Sekretion und Resorption keineswegs in allen Fällen aus der Differenz des hydrostatischen und osmotischen Druckes erklärt werden könne; speziell gelte dies für die Harn- und Speichelabsonderung. — Dazu sei bemerkt, dass bereits E. Hering (Über die Ursache des hohen Absonderungsdruckes in der Glandula submaxillaris. S. B. d. Wiener Akad. d. Wiss. Bd. 66 (III. Abt.) S. 83. 1872) die Frage der Beteiligung osmotischer Kräfte an dem Zustandekommen des hohen Absonderungsdruckes der Glandula submaxillaris erörtert hat. Meines Erachtens liegt jedoch für eine solche, doch grob mechanisch zu nennende Auffassung wie überhaupt für eine gesonderte Erklärung der Wasserbewegung gegenüber der Absonderung der anderen Sekretstoffe keine Berechtigung vor.

1) Fr. W. Fröhlich, Über den Einfluss der Temperatur auf den Muskel. Zeitschr. f. allgem. Physiol. Bd. 7 S. 461. 1907.

2) Eine Verlängerung der lokalen Zuckungsdauer bzw. der Kontraktionswelle bei Abkühlung hatte B. bereits 1871 (**21**, spez. S. 87, 88) nachgewiesen.

3) Fr. W. Fröhlich, Zur Thermodynamik der Muskelkontraktion. Pflüger's Arch. Bd. 123 S. 596. 1908.

gehender darlegte, erbrachte B. (**118** — 1908) durch den wichtigen Nachweis, dass die Zunahme der Zuckungshöhe bei Abkühlung auch für die lokale Verdickung gelte, wobei keine Möglichkeit von Summierung der sich fortpflanzenden Kontraktion besteht. Allerdings fehlte ein Einfluss der Wellenlänge auf die gemessene Leistung schon bei B.'s älteren Versuchen mit isometrischer Gesamtzuckung. Zudem legte B. gegenüber Fr. W. Fröhlich die Notwendigkeit dar, zwischen der von der Dauer des Umsatzes unabhängigen Gesamtenergie des Muskels und zwischen seiner Sekundenleistungsfähigkeit — ähnlich wie zwischen Gesamtwirkungsgrad und Sekundeneffekt einer Maschine — zu unterscheiden; für die erstere ergibt sich auch aus Fr. W. Fröhlich's Versuchen ein negativer Temperaturkoeffizient, der sich auf die vermittelnde Energieform bezieht: für die letztere ist ein positiver zu erwarten.

In einer weiteren kritischen Abhandlung (**130** — 1915) zeigte B. — in Nachprüfung der vielzitierten Versuche Th. W. Engelmann's — zunächst, dass sich Darmsaiten wie Stricke beim Quellen in Wasser nur infolge der spiraligen Windungen ihrer Fasern, nicht infolge Anisotropie des Faserinhaltes verkürzen, während die einzelnen Fasern sich hiebei niemals verkürzen, sondern nur verdicken. Ähnliches gilt von Hanf-, Bindegewebs- und Sehnenfasern [1]). Damit ist der Engelmann'schen Quellungstheorie [2]) jeder Boden entzogen. B. lehnt daraufhin jede Zurückführung der Kontraktion auf eine thermische Verkürzung ab und weist nochmals die osmotische Theorie der Kontraktion zurück. Auch eine Säurequellung des Muskeleiweiss ist — selbst wenn sie anisodiametrisch erfolgt — rein mechanisch betrachtet nicht imstande, zu einer Verkürzungs- und Kraftleistung zu führen, wie sie der Muskelkontraktion eigentümlich ist [3]). Hin-

---

1) An elastischen Fasern tritt ebenso wie an Kautschukfäden allerdings eine zunächst reversible Verkürzung bei relativ steilem Temperaturgefälle ein (Th. W. Engelmann, R. du Bois-Reymond). An Eiweisskristallen ist wohl anisodiametrische Quellung, nicht aber Verkürzung in einer Axe zu beobachten (A. F. W. Schimper).

2) Th. W. Engelmann, Über den Ursprung der Muskelkraft. 2. Aufl. Leipzig 1893.

3) B. hatte schon früher (**63** — 1890) dargetan, dass die bei der Muskelstarre eintretende Gerinnung nicht die Ursache der Verkürzung ist, sondern nur die Wiederausdehnung des im verkürzten Zustand erstarrten Muskels hindert. Nach Versuchen von Klingenbiel (**XXIX** — 1887) unter B.'s Leitung, welche später B. Morgen (**XXXII** — 1890) bestätigt hat, bewirkt nämlich Ammoniak eine sehr rasch vorübergehende Kontraktion, dann Absterben im erschlafften Zustande, in welchem bei nachfolgender Essigsäurebehandlung wohl Starre, jedoch nicht Verkürzung eintritt. Ebenso ruft Äther zwar eine sehr rasch vorübergehende Kontraktion des quergestreiften Skelettmuskels hervor, aber erst nach sehr langer Ein-

gegen wäre es möglich, dass die Zunahme der Wasserstoffionenkonzentration im tätigen Muskel zu einem Wachsen der Oberflächenspannung an der Oberfläche der kontraktilen Elemente führt. Allerdings ist die alterative Änderung der absoluten chemischen Reaktion bzw. die nachweisbare Zunahme von [H·] selbst nach maximal ermüdender Muskeltätigkeit eine recht bescheidene — nämlich $1,4 \cdot 10^{-7}$ (oder $9,8 \cdot 10^{-7}$) gegen $3,7 \cdot 10^{-8}$ (oder $1,6 \cdot 10^{-7}$) bei Ruhe [1]).

Im Gegensatze zu den Quellungstheorien haften — wie B. selbst betonte — der Oberflächenspannungstheorie keine physikalischen Widersprüche an, wenn dieselbe auch die histologische Hilfsannahme eines metamikroskopischen Weitergehens der Fibrillisation notwendig macht. Als chemische Ursachen der kontraktiven Änderung der Oberflächenspannung bezeichnet B. speziell das Auftreten von Säuren bzw. die Zunahme der [H·] infolge Abbaues der Kohlehydrate des Muskelplasmas. Hingegen bringt B. (**124**, spez. S. 400 — 1913) die Oberflächenspannungsänderung mit der bioelektrischen Erregungsschwankung nicht in direkten Zusammenhang [2]), da die letztere zeitlich vorangeht bzw. schon im Latenzstadium beginnt. Vielmehr geht die wirksame Oberflächenenergie im Muskel erst aus den chemischen Prozessen während der Kontraktion hervor. B.'s Standpunkt bezüglich des Verhältnisses der bioelektrischen und der Kontraktions-

---

wirkung Starre. Auf Chloroform tritt eine langsam ansteigende Kontraktion ein, welche in Starre übergeht. Die Reizwirkung von Äther und Chloroform auf den Froschmuskel bestätigte P. v. Grützner (Über die Wirkung einiger chemischer Stoffe auf quergestreifte Muskeln. Wiener Med. Wochenschr. Nr. 14, S. 511, 1917). — B. Morgen fand an der glatten Muskulatur des Froschmagens Chloroform ebenso wirkend, Äther jedoch sofort Erschlaffung bedingend. — Mit diesen Befunden stimmt das Ergebnis der Untersuchungen überein, welche kürzlich W. Baumann (Pflüger's Arch. Bd. 167 S. 117. 1917) über Muskelstarre angestellt hat: Förderung der Totenstarre durch Chloroform — ebenso durch Alkohol und Säuren, Hemmung, ja geringe Verlängerung unter Absterben durch Alkalien.

1) Die Säuerung, soweit aus der summarischen Bestimmung der Reaktion erschliessbar, erscheint — rein quantitativ betrachtet — an sich schon durchaus unzulänglich, um die Formänderung des Muskels einfach auf Quellung infolge von Säureeiweissbildung und Ionisation der Proteokolloide (nach dem Vorgange von W. Pauli) beziehen zu können. Vgl. meine Allgemeine Physiologie I (1) S. 154. Berlin 1916. — Unter physiologischen Verhältnissen erfolgt offenbar eine sehr rasche, vollständige Neutralisation und oxydative Zerstörung der gebildeten Säuren. Nur bei ermüdender Tätigkeit werden diese Prozesse insuffizient, so dass es zu einer nachhaltigen Änderung der absoluten Reaktion kommt.

2) Einen solchen hatten F. Haber und Klemensiewicz (Über elektrische Phasengrenzkräfte. Zeitschr. f. physik. Chem. Bd. 67 S. 389. 1909) vermutet.

erscheinungen lässt sich kurz dahin fassen: im gereizten Muskel erfolgt zunächst der exotherme chemische Erregungsvorgang — etwa in der Bildung oder Aktivierung eines Ferments (Glukase) bestehend —, welcher ohne Wirkung auf die Oberflächenspannung ist, jedoch bioelektrische Erscheinungen bedingt (durch Steigerung der Ionenbeweglichkeit oder Ionendurchlässigkeit in der Membran oder Phasengrenze für gewisse präexsistente Ionen, und zwar meines Erachtens durch eine aufsteigende, dispergative Zustandsänderung der Membrankolloide — vgl. oben S. 37). An den Erregungsvorgang schliesst sich im Muskel (nicht so im Nerven!) als Auslösungseffekt der exotherme chemische Leistungsvorgang — in der Bildung von Milchsäure und Kohlensäure bzw. $H^.$-Ionenproduktion bestehend, welcher auf die Oberflächenspannung wirksam ist, jedoch — ebenso wie der Erschlaffungs- und Erholungsvorgang — keine bioelektrischen Vorgänge bedingt. Trotz des Auslösungszusammenhanges greift natürlich die kontraktive Änderung der Oberflächenspannung zeitlich noch in gewissem Ausmaasse in die bioelektrische Erregungsschwankung hinein und beeinflusst deren abfallenden Teil (vgl. S. 26 ff.).

Gegenüber den Einwänden [1]), welche R. du Bois-Reymond [2]) gegen die Oberflächenspannungstheorie der Muskelkonktration erhob, betonte B. (**134** — 1916) mit Nachdruck, dass die Kraft des Muskels in jedem Moment der Kontraktion gleich sei der Differenz zwischen der wirkenden Kraft der Oberflächenspannung und der dieser entgegenwirkenden Elastizitätskraft, welch letztere mit zunehmender Formänderung wächst. Die Oberflächenspannungstheorie werde auch dem Falle maximaler Verkürzung des Muskels (auf 15—20% der Ruhelänge) gerecht.

Bezüglich der Spezialfrage nach dem Verhalten der Doppelbrechung der Muskelfaser bei der Kontraktion hatte B. zunächst (**130**, spez. S. 40 — 1915) theoretisch ein Steigen bei der Verkürzung abgeleitet auf Grund der Vorstellung, dass sich dabei Teilchen aus einem Querschnitt in den anderen einschieben. Nachdem V. v. Ebner [3]) — meines Erachtens mit Recht — eine „negative Schwankung" der Doppelbrechung an den Q-Scheiben (— 12 bis 42%) sowie an den Z-Scheiben (bis zum Verschwinden der Doppelbrechung)

---

1) Siehe solche auch bei W. N. Berg, Biochem. Bull. Bd. 3 S. 177. 1914.

2) R. du Bois-Reymond, Zur Theorie der Muskelkontraktion. Berl. klin. Wochenschr. 53. Jg. Nr. 15 S. 392—394. 10. April 1916.

3) V. v. Ebner, Zur Frage der negativen Schwankung der Doppelbrechung bei der Muskelkontraktion. Pflüger's Arch. Bd. 163 S. 179. 1916.

während der isotonischen Kontraktion als von ihm [1]) und A. Rollett [2])
erwiesene Tatsache reklamiert hatte, formulierte B. (**131** — 1916)
seinen Standpunkt dahin, dass bei der freien Kontraktion keine Ver-
mohrung von doppelbrechenden Elementen im Querschnitte eintrete,
sondern eine blosse Näherung in der Längsrichtung, hingegen Ent-
fernung in der Quere. Doch könne man die Frage der Doppelbrechung
bei der Oberflächenspannungstheorie der Kontraktion zunächst ausser
Betracht lassen.

In engem Zusammenhang mit der Oberflächenspannungstheorie
der Kontraktion bearbeitete B. in anregender und grundlegender
Weise das **Problem der physikalisch-chemischen Analyse der
Zuckungskurve (127** — **1914)** sowie des **zeitlichen Verlaufes der
Wärmebildung** während der Kontraktion (**128** — 1914). Ausgehend
von der Vorstellung A. Fick's, dass der Erschlaffungsvorgang nicht
bloss einem Aufhören des Kontraktionsvorganges entspreche, sondern
einen besonderen chemischen Prozess darstelle, sucht B. das Verhältnis
der Geschwindigkeitskonstanten beider Umsetzungen zu ermitteln. Er
setzt dabei zunächst schematisch eine monomolekulare Natur derselben
voraus, indem einerseits Glukose unter Verbrauch von Sauerstoff zu
Milchsäure bzw. Kohlendioxyd und Wasser abgebaut werde, andererseits eine Sättigung der Säuren unter Sauerstoffspeicherung erfolge [3]).

Für jenes Verhältnis $\dfrac{K_1}{K_2}$ wird etwa der Wert von 0,5 abgeleitet (mit
Q_{10} zu etwa 2,3). B. gelangt zur theoretischen Forderung einer idealen
Zuckungskurve mit paraboloid-logarithmischer Kreszente ohne Wendepunkt und mit einem Wendepunkt in der Dekreszente, so dass die
Gipfelabszisse (t_m) und die Wendepunktsabszisse (t_w) sich verhalten wie
1:2, möglicherweise sogar 1:2,3. In eigenen neuen Versuchen am
Helmholtz'schen Myographion [4]) findet er allerdings für Längen-
zuckungen mit leichtem Aluminiumhebel den Durchschnittswert 1:1,87.
B. betont jedoch — wie schon früher wiederholt (**75** — 1897; **98** —
1902; **116**, spez. S. 156 — 1908) —, dass die Zuckungskurve des Ge-

---

1) V. v. Ebner, Untersuchungen über die Ursachen der Anisotropie
organisierter Substanzen. Leipzig 1882.

2) A. Rollett, Untersuchungen über Kontraktion und Doppelbrechung
der quergestreiften Muskelfasern. Denkschr. d. Wiener Akad. d. Wiss.
Bd. 58 S. 41. 1891.

3) Vgl. die thermodynamische Betrachtung der Muskeltätigkeit als
eines vollständigen, nicht umkehrbaren Kreisprozesses (nach A. Fick)
auf Grund der Gibbs-Helmholtz'schen Formel bei B. (**116** — 1908).

4) Zur Erreichung eines sehr gleichmässigen Ganges der Registrier-
trommel, die mit elektromagnetischem Motor angetrieben wurde, hatte
B. (**75**, spez. S. 215 — 1897) einen elektromagnetischen Regulator angegeben.

samtmuskels durch die Erregungsfortpflanzung (speziell bei Abkühlung) wesentlich modifiziert wird[1]), und dass daher nur bei Feststellung der Kontraktionswelle an einer Stelle des Muskels die Abweichung von der Idealkurve — bis auf einen von der Elastizität und
der Registrierungsmechanik abhängigen Rest — verschwinden würde [2]).
Tatsächlich hatte B. schon in früheren Versuchen (75 — 1897) gefunden,
dass bei Dickenregistrierung mit sehr leichtem Spiegelhebel der scheinbare Wendepunkt in der Kreszente dem Anfangspunkte sehr nahe
rückt.

Die hiebei gemachte Voraussetzung, dass das Maximum des chemischen Umsatzes in der Kreszente der Muskelkontraktion liegt, sicherte
B. (128 — 1914) durch den experimentellen Nachweis maximaler
Wärmebildung schon während der Verkürzung an der glatten Froschmagenmuskulatur[3]). Bei faradischer Reizung von 1″ und einer Kontraktionsdauer von 60—150″ — ebenso bei Spontankontraktion —
fällt an Winterfröschen (mit Dauer der Kreszente von etwa 39″) schon
das beobachtete, fortgepflanzte Geschwindigkeitsmaximum der Wärme-

---

1) In einer speziellen Auseinandersetzung gegenüber Fr. W. Fröhlich (Pflüger's Arch. Bd. 123 S. 596. 1908) legt B. (118 — 1908) dar,
dass die Zuckungsdauer des Gesamtmuskels (ϑ) von drei Faktoren abhängig ist: von der Dauer der Kontraktionswelle bzw. Schwingungsdauer
der einzelnen Querschnittsstelle (t), von der Fortpflanzungsgeschwindig-
keit der Welle (v), von der Länge des Muskels (l) nach der Formel $\vartheta = t - \dfrac{l}{v}$
bzw. $\vartheta = \dfrac{t(l + \lambda)}{\lambda}$, wobei die Wellenlänge $\lambda = v \cdot t$ ist. Die Zuckungsdauer
des Gesamtmuskels (ϑ) ist demnach immer länger als die Wellendauer (t),
und zwar um so mehr, je grösser die Muskellänge (l) und je kleiner die
Fortpflanzungsgeschwindigkeit (v) ist. Diese Darlegung, auf welche schon
oben beim Problem des Latenzstadiums (S. 21, Anm. 2) verwiesen wurde,
sei der nachdrücklichen Beachtung empfohlen.

2) Als einen möglichen Grund für eine äusserliche Abweichung von
der theoretisch geforderten Form bezeichnet B. noch den Umstand, dass
die durch den Reiz in Aktion gesetzte Substanzmenge nicht momentan,
sondern erst innerhalb der Zeit der latenten Reizung freigemacht wird.
Die umgesetzte Substanzmenge bzw. die ausgelöste Energie nimmt mit
der Temperatur zu, der Nützlichkeitsfaktor jedoch ab.

3) Die Herstellung des sogenannten Magenringes als eines sehr
verwendbaren Präparates aus dem mittleren Drittel des Froschmagens
hat zuerst B. Morgen unter B.'s Leitung (XXXII — 1890) angegeben.
Der Autor sah nach Abpräparieren der Mucosa den Tonus sowie im allgemeinen auch die spontane Rhythmik schwinden sowie im allgemeinen
die Schliessungskontraktion ausfallen — bei Bestehenbleiben eines starken
Öffnungseffektes, endlich die künstlich ausgelösten Kontraktionen rascher
verlaufen (vgl. auch G. Kautzsch, LXV — 1907). Morphium brachte
auch am muocsahaltigen Präparat die Schliessungskontraktion zum
Schwinden.

bildung vo r das Verkürzungsmaximum. An der auf Grund von Eichung berechneten Kurve der Wärmebildung im Muskel selbst ergibt sich, dass im sauerstoffhaltigen Zustand bzw bei Oxybiose der überwiegend grössere Teil der chemischen Energie im (glatten) Muskel schon in der ersten Hälfte der Kreszente umgesetzt wird[1]). B. schliesst aus diesem Verhalten — meines Erachtens mit Recht —, dass der chemische Umsatz während der Kreszente bei Oxybiose [2]) nicht bloss in Spaltung von Zucker zu Milchsäure bestehen kann, sondern auch schon den oxydativen Abbau bis zu Kohlendioxyd und Wasser umfasst [3]). In der Bildung von Säuren und im Sauerstoffverlust sieht B. — wie schon früher bemerkt (S. 60) — die Grundlage für die zur Kontraktion führende Änderung der Oberflächenspannung. — Zu B.'s Ausführungen sei nur bemerkt, dass gegen die Verwertung des sehr bedeutsamen Befundes für das Verhalten bei elementarer Reaktionsweise (d. h. Zuckung) der nicht von vornherein abzuweisende Einwand erhoben werden könnte, dass die durch faradische Sekundenreizung ausgelöste oder in spontaner Rhythmik erfolgende Reaktion des Froschmagenringes eine zusammengesetzte,

---

1) Die entgegenstehenden Resultate von A. V. Hill (The position occupied by the production of heat in the chain of processes constituting a muscular contraction. Journ. of physiol. vol. 42 p. 1. 1911; vgl. auch ibid. vol. 44 p. 466. 1912) und Herlitzka (Ricerche di termodinamica muscolare I. Arch. di fisiol. vol. 10 p. 501. 1912 und Pflüger's Arch. Bd. 161 S. 367. 1915) lehnt B. (siehe auch **128** — 1915) als technisch fehlerhaft ab. Schon A. Fick hat — wie B. (**116**, spez. S. 160 — 1908) hervorhebt — angenommen, dass der grössere Teil der Wärmebildung während der Kreszente erfolge. — Analog fand O. Bruns (Untersuchungen über die Energetik des Herzmuskels. S. B. Ges. Naturwiss. Marburg, Jg. 21, 1914), dass in dem absteigenden Schenkel der Herzkontraktion nur 5 % der Energieabgabe bzw. der Wärmeentwicklung fallen. — Vgl. auch die zusammenfassenden Darstellungen von O. Frank, Thermodynamik des Muskels. Ergebn. der Physiol. Jg. 3, Bd. II, S. 506, 1904; A. V. Hill, Die Beziehungen zwischen der Wärmebildung und den im Muskel stattfindenden chemischen Prozessen. Ergebn. d. Physiol. Jg. 15, S. 340, 1916.

2) Bei Anoxybiose erfolgt Spaltung von Zucker in Milchsäure und andere Karbonsäuren ohne oxydativen Abbau derselben, also eine weit weniger ökonomische Arbeitsleistung.

3) B. widersprach damit W. Pauli (Kolloidchemie der Muskelkontraktion. Dresden 1912), welcher blosse Spaltung von Zucker in Milchsäure (und konsekutive Ionproteinbildung sowie Quellungsverkürzung) während der Kreszente, oxydativen Abbau während der Dekreszente angenommen hatte. Der erstere Prozess würde aber nur 2,8 %, der letztere 97,2 % der chemischen Spannkraft des Zuckers freimachen. Eine Arbeitsleistung ersterer Art würde, wie B. betont, einen physiologisch unmöglichen Zuckerumsatz und eine unmögliche, nicht nachweisbare Wärmebildung beim oxydativen Abbau nach der kontraktiven Arbeitsleistung herbeiführen.

d. h. superponiert-tetanische gewesen sei [1]). Hingegen kann meines
Erachtens gegen den Analogieschluss vom glatten auf den quergestreiften
Muskel kein berechtigter Einwand erhoben werden. In ersterer Hinsicht sind weitere Versuche erforderlich mit gleichzeitiger Registrierung
des bioelektrischen Verhaltens, welches Zuckung und Tetanus [2]) ohne
weiteres zu unterscheiden gestattet.

III. Arbeiten zur Herzphysiologie und Kreislauflehre.

Auch das Gebiet der Tätigkeit und der Innervation des
Herzens hat B. mehrfach (1 — 1862; 4 — 1863; 5, 6 — 1864; 11 —
1867; 33, 34 — 1876) bearbeitet. Schon als Student erbrachte er
(1 — 1862) den Nachweis der hochgradigen Empfindlichkeit des Froschherzens für oberflächliche Vertrocknung, welche die Ursache für den
baldigen Stillstand des Herzens unter der Luftpumpe beim Aus-
pumpen der Luft und damit des Wasserdampfes abgibt. Aus dem
Fortschlagen des Herzens bei Wasserdampfzufuhr ohne Sauerstoff
schloss B., dass der freie Sauerstoff nicht erst einen „Reiz" für die Herzbewegung (Goltz) darstellt. (Heute betrachten wir ihn als eine
relative Bedingung für die Äusserung der rhythmischen Herzautomatie
analog wie Ionengehalt, Temperatur, Füllung.) — Von besonderem
Interesse war der von B. (4 — 1863) in Du Bois' Institut erbrachte
Nachweis, dass die reflektorische Pulsverlangsamung oder Stillstellung
des Herzens bei mechanischer Reizung der Baucheingeweide am
Frosch, der Goltz'sche Klopfversuch, durch die „Vagusreflexfasern"
des Bauchsympathicus vermittelt wird, welche in einem unpaaren,
wesentlich vom Magen herkommenden Stamm (N. mesentericus) —
längs der Arteria mesenterica zum Ganglion coeliacum laufend —

---

1) Dass die Reaktion des Froschmagenringes bei spontaner Rhythmik,
ebenso bei Dehnungsreizung eine einfache Zuckung darstellt, konnte ich
in einer bioelektrischen Studie über das Egg (Elektrogastrogramm) zeigen,
welche ich demnächst veröffentlichen werde. — Schon hier sei daran er-
innert, dass R. F. Fuchs (S.B. der physik. med. Soc. Erlangen Bd. 40,
S. 201, 1908; Pflüger's Arch. Bd. 136 S. 65. 1910) die spontanen Kontraktionen der glatten Muskulatur von Sipunculus nudus bioelektrisch
als langdauernde Einzelkontraktionen, nicht als Tetani erwiesen hat.
Ebenso haben für die spontanen peristaltischen Wellen des Ureters des
Hundes E. Th. v. Brücke und L. Orbeli auf bioelektrischem Wege
den Charakter als echte Einzelkontraktionen festgestellt (Beiträge zur
Physiologie der autonom innervierten Muskulatur. II. Die Aktionsströme
der Uretermuskulatur während des Ablaufes spontaner Wellen. Pflüger's
Arch. Bd. 133 S. 341. 1910).

2) Über das Verhältnis von Tetanus und Tonus vgl. A. v. Tschermak,
Die Lehre von der tonischen Innervation. Wiener klin. Wochenschr.
Bd. 27 Nr. 13, spez. S. 10 d. S.-A.

durch die Rami communicantes oberhalb des 5. Spinalsegments bzw. in der Höhe des 3. bis 6. Wirbels [1]) in das Rückenmark eintreten und auf das medullare Vaguszentrum einwirken. Dieser Verlauf wurde durch systematische Durchschneidungsversuche festgestellt. Auch am Kaninchen ergab zwar Reizung des zentralen Splanchnicusstumpfes keine reflektorische Wirkung auf das Herz, wohl aber trat reflektorische Verlangsamung und Abschwächung ein bei Reizung des Kopfendes am tief unten durchschnittenen Halssympathicus [2]) sowie vor allem bei Reizung des Brustsympathicus zwischen 3. Lendenwirbel und 8. Rippe. (An der 7. Rippe war der Brustsympathicus vorsichtshalber durchtrennt worden, um eine Mitreizung tiefaufsteigender Acceleransfasern nach C. v. Bezold [1863] zu vermeiden.) Beiderseitige Vagotomie hebt diese Reflexwirkung auf.

Beim schwachcuraresierten, künstlich ventilierten Kaninchen konnte (5, 6 — 1864) auch ein reflektorischer sympathcgener Dauereinfluss auf die Herzvagi nachgewiesen werden: Durchtrennung beider Vagi bewirkt beim Kaninchen unter diesen Umständen eine geringe Herzbeschleunigung — aber nur solange der Bauchsympathicus und das Halsmark bis zum 7. Brustwirbel herab unversehrt gelassen wird. Auch an einem morphinisierten, künstlich ventilierten Hunde hatte Durchtrennung des Rückenmarks in der Höhe des 3. Halswirbels nachdauernde erhebliche Pulsbeschleunigung und Blutdrucksteigerung bzw. Verlust des Vagustonus zur Folge. B. glaubte aus diesen Versuchen den Schluss ziehen zu können, dass der Vagustonus nicht automatischen, sondern enterogen-reflektorischen Ursprunges sei, also dem Brondgeest'schen Tonus der Skelettmuskulatur vergleichbar. — Man wird heute allerdings zugeben müssen, dass B.'s Versuche zur Begründung dieser These nicht ausreichen, zumal da der physiologische Vagustonus beim Kaninchen jedenfalls sehr gering ist. Immerhin bleibt nach einer enterogenen Komponente des Vagustonus an geeigneten Versuchstieren zu fahnden.

B.'s weitere Versuche zur Herzinnervation (10 — 1867) betrafen den Einfluss des Blutdruckes auf die Pulsfrequenz an Kaninchen und Hunden. Es ergab sich, dass Infusion von 25—45 ccm defibrinierten Blutes vorübergehend neben Drucksteigerung beträchtliche Pulsverlangsamung bewirkt, solange die Vagi unversehrt sind. Umgekehrt

---

1) Eventuell erfolgt die Einstrahlung noch höher bis oberhalb des Plexus brachialis bzw. in der Höhe des 1. und 2. Wirbels.

2) Von diesem aus muss also noch eine Einstrahlung in das Halsmark oder in die Medulla oblongata bestehen. — Zu einem analogen Ergebnis wie B. gelangten später H. Aubert und G. Roever (Über die vasomotorischen Wirkungen des N. vagus, laryngeus und sympathicus. Pflüger's Arch. Bd. 1 S. 211. 1868) am Halssympathicus des Hundes, wogegen B. seine Priorität wahrte (16 — 1868).

bewirkt Blutentziehung vorübergehend Pulsbeschleunigung neben Drucksenkung. B. erschloss daraus eine regulatorische Einwirkung des Blutdruckes auf den efferenten Herzvagus, so dass eine primäre Drucksteigerung sich sekundär durch Vaguserregung kompensiere. Den Mechanismus dieser Einwirkung liess B. damals durchaus offen. — Heute wissen wir, dass der auf Fällungs- bzw. Wandspannungsreizung des Aortenbogens ansprechende N. depressor eine erregende Reflexwirkung sowohl auf das Vaguszentrum als auf das medullare Vasodilatatorenzentrum besitzt — andererseits ist eine hemmende Reflexwirkung auf das Vasokonstriktorenzentrum (L. Asher, E. Th. v. Brücke) sowie auf das Acceleranszentrum festgestellt (E. Th. v. Brücke, G. Höll schon 1913/14 mit A. v. Tschermak).

Bezüglich Äusserung der Automatie an der isolierten Herzkammer des Frosches gelangte B. (**33, 34** — 1876) zunächst abweichend von Merunowicz zu einem negativen Ergebnisse. Die durch Abklemmen bei erhaltenem Kreislauf isolierte Herzspitze, welche keinem abnorm hohen Füllungsdruck ausgesetzt war, pulsierte nämlich binnen 1 bis 2 Tagen nicht wieder [1]). Dasselbe Resultat hatte bereits R. Heidenhain (1854) nach Ligierung der Herzspitze erhalten. Später gelang es allerdings C. v. Lucowicz[2]) (**XXXIII** — 1890) unter B.'s Leitung nachzuweisen, dass infolge der Abklemmung der intrakardiale Druck um etwa ein Drittel seiner Höhe sinkt, und dass die abgeklemmte Herzspitze schon bei mässiger Drucksteigerung (auf etwa 200 mm Wasser — bei Perfusion bzw. Zufliessenlassen von 0,6% Kochsalzlösung) zu pulsieren beginnt. Der Binnendruck bzw. die Wandspannung stellt jedoch — im Sinne von A. v. Tschermak — für dieses Manifestwerden subsidiärer Automatie eine absolute Zustandsbedingung dar, wie dies schon aus den Versuchen von Merunowicz[3]) (unter C. Ludwig) zu erschliessen war.

Eine auf B.'s Anregung unternommene, unter Leitung von A. v. Tschermak durchgeführte Institutsarbeit von C. Ewald (**L** — 1902) zeigte, dass die zweite Stannius'sche Ligatur bzw. der Munksche Stich am Froschherzen nicht etwa durch Treffen der Atrio-

---

1) H. Aubert beobachtete in einer nicht geringen Anzahl von Fällen spontane Kontraktionen unter verschiedenen Bedingungen, speziell bei Drucksteigerung — allerdings nicht regelmässig (Untersuchungen über die Irritabilität und Rhythmizität des nervenhaltigen und des nervenlosen Froschherzens. Pflüger's Arch. Bd. 24 S. 357, spez. S. 365. 1881).

2) In Bestätigung der Versuche von M. Foster und H. Gaskell, On the tonicity of the heart and blood-vessels. Journ. of physiol. vol. 3 p. 51. 1880.

3) Merunowicz, Die chemischen Bedingungen des Herzschlages. Ber. d. Sächs. Ges. d. Wiss. 1875 S. 252 und Arb. a. d. physiol. Anstalt zu Leipzig Bd. 10 S. 148. 1876.

ventrikularganglien, sondern durch Verletzung des atrioventrikularen Verbindungssystems bzw. des St. Kent'schen Trichters [1]) zum Wiederpulsieren führt. Es wird hiebei die de norma übertönte subsidiäre Automatie des Verbindungssystems „geweckt". Die Läsionsstelle wurde durch Nachziehen eines Kokonfadens mittels der Stichnadel bezeichnet und in Serienschnitten verfolgt.

Auf dem Gebiete der Innervation und der Mechanik des Blutgefässsystems konnte B. (in Gemeinschaft mit R. F. Marchand und K. Schoenlein) zunächst (36 — 1877) den Goltz'schen Befund [2]) bestätigen, dass bei Reizung des 3 5 Tage zuvor durchtrennten Hüftnerven am Hunde eine erhebliche Erhöhung der Hauttemperatur (von 15 oder 20° auf 30° C.) der Hinterpfote eintritt. Versuchsweise war noch vor der Nervendurchschneidung Brust- und Lendenmark voneinander getrennt worden. Am wirksamsten erwies sich mechanische Reizung, „Kerbung", durch Scherenschnitte am Hüftnerven. Allerdings hatte die Nervenreizung stets noch Zuckungen im Gefolge; doch waren diese, wie Vergleichsversuche unter Curarevergiftung lehrten, ohne Einfluss auf den Erfolg. Der Versuch gelang weiterhin auch ohne Rückenmarksdurchtrennung am frischdurchtrennten Nerven, und zwar bei jedweder Reizung, wenn nur die Anfangstemperatur der Haut relativ niedrig war oder die Hautgefässe einen leidlichen (diesfalls peripher bedingten) Tonus besassen, in dessen Hemmung ja der vasodilatatorische Reizeffekt besteht — wie B. schon damals (1877) erkannte. B. verwirklichte diese Vorbedingung durch niedrige Zimmertemperatur oder Kaltbad, welches auch während der Reizung appliziert bleibt (gegenüber Lépine 1876). Die Temperatursteigerung hält sehr lange an, erreicht oft erst nach 15 bis 30 Minuten ihr Maximum, was B. auf sekundäres Weitbleiben der

---

1) In älteren Versuchen, welche J. Steiner (II — 1874) unter B. angestellt hatte, erwies sich der Sinus als empfänglicher gegen Vergiftung durch Galle, Strychnin, Chloroform als das atrioventrikulare Verbindungssystem. Während des durch die Wirkung jener Gifte auf den Sinus bewirkten Herzstillstandes bleibt der Munk'sche Stichversuch positiv. — Andererseits hatte K. Schoenlein (XI — 1878) unter B. die Pulsverlangsamung und den diastolischen Stillstand des Froschherzens auf 0,1—1,0 ccm 5—10 % iger Lösung von kohlensaurem Natron auf Schädigung des Herzmuskels zurückgeführt. Weiterhin gelang R. Marchand (XI — 1878) unter B. die „Weckung" der subsidiären Automatie des atrioventrikularen Verbindungssystems nach erster Stannius'scher Ligatur durch Applikation von Ammoniak, Kalilauge, Salzsäure oder von plötzlicher Temperatursteigerung, ja von einem einzelnen Induktionsschlag auf die Atrioventrikularregion. In der Erklärung dieser Wirkungen stand R. Marchand (1878!) allerdings ganz auf dem Boden der gangliomotorischen Herztheorie.

2) Fr. Goltz, Über gefässerweiternde Nerven. Pflüger's Arch. Bd. 9 S. 174. 1874 und Bd. 11 S. 52. 1875.

Gefässe infolge der durch die primäre Vasodilatation gesetzten örtlichen Temperatursteigerung bezieht. — Bei künstlicher Durchströmung des curaresierten Hinterbeines mit defibriniertem Blute von Zimmertemperatur konnte B. eine deutliche Beschleunigung des Blutstromes bis auf das Doppelte infolge von Nervenreizung nachweisen, hingegen eine etwaige neurogene Thermogenese in den Geweben ausschliessen. Dass in B.'s Versuchen die Ischiadicusreizung keine Verengerung zur Folge hatte, lag offenbar darin, dass infolge der künstlichen Abkühlung bereits ein „Ausgangszustand vorhandener starker Verengerung" bestand, d. h. der Gefässtonus bereits maximal war. Bei Erörterung des Problems des Gefässtonus wirft B. schon damals (36, spez. S. 602 — 1877) die Frage auf, ob nicht den glatten Muskeln selbst — nicht bloss peripheren Nervenzentren — gewisse „zentrale Fähigkeiten" zuzuschreiben wären.

Nur in Parenthesi sei hier der Beobachtung B.'s (24 — 1872) gedacht, dass die langsamen rhythmischen Tonusschwankungen an den Blutgefässen der Froschschwimmhaut nach Zerstörung des Rückenmarks verschwinden, also — wenigstens dominant — spinal-neurogen bedingt erscheinen. Mit diesem Verhalten brachte er die zuerst von Goltz[1]) gemachte, von ihm bestätigte Beobachtung in Zusammenhang, dass instillierte Kochsalzlösung nur so lange aus dem Rückenlymphsack des Frosches resorbiert wird und durch die Venen abfliessend zu verfolgen ist, als das Rückenmark intakt ist. Heute führen wir dieses Verhalten auf die spinal bedingte Tätigkeit der coccygealen Lymphherzen zurück.

Der Analyse der Pulskurve widmete B. (53 — 1887) eine Untersuchung, welche speziell die Frage der sekundären Wellen im absteigenden Teil betraf. Er bezieht dieselben (mit Landois und Moens) auf Vorgänge am Ursprung des Arteriensystems, nicht auf Reflexionen im Gefässsystem selbst (Marey, A. Fick u. a.), und zwar auf Grund des Verhaltens künstlich erzeugter Stosswellen in den Arterien eines frischgetöteten Tieres, in welche verdünntes defibriniertes Blut durch Kanüle mit Schlauch infundiert wird. Bei offener Kommunikation von Schlauch und Gefässsystem wurden keine reflektierten Wellen beobachtet, wohl aber bei Abschluss des Schlauches für sich gegen die Gefässbahn oder bei Verschluss der Gefässbahn an ihrem Abflussende. — Eine fehlerfreie, photographische Verzeichnung der Verdickungswelle des nicht komprimierten Arterienlumens erreichte B. (62 — 1890) durch Anwendung der Spiegelreflexionsmethode, welche bekanntlich zuerst Joh. Czermak zu Demonstrationszwecken be-

---

1) Fr. Goltz, Über den Einfluss der Nervenzentren auf die Aufsaugung. Pflüger's Arch. Bd. 5 S. 53. 1872.

nützte. Speziell kommt hiebei auch am Lumenpulse die Steilheit und Tiefe der prädikroten Inzisur deutlich heraus, welche uns am Druckpulse erst die Verwendung von möglichst eigenschwingungsfreien Manometern (Gad, Frank) kennen gelehrt hat.

IV. Beiträge zur Atmungsphysiologie.

Auch die Physiologie der Atmung verdankt B. einige wertvolle Feststellungen und Methoden. In erster Linie war es das Problem der Entstehung der Thoraxaspiration, welches B. fesselte (**38** — 1878). An totgeborenen Kindern wurde künstliche Lufteinblasung durch die Trachea vorgenommen und dann mit positivem Erfolg auf das Vorhandensein von Thoraxaspiration geprüft — durch Beobachtung eines mit der Luftröhre kommunizierenden Wassermanometers vor und nach Eröffnung der Brustwand. Der Beginn der Atmung hat also sofort die Aspiration des Thorax zur Folge, und zwar durch eine nachdauernde volumvergrössernde Formänderung des Brustkorbes, welche in einer durch den ersten, forciert bzw. dyspnoisch erfolgenden Atemzug bewerkstelligten Hebungsverlagerung der Rippen und wohl auch in einer Tiefereinstellung des Zwerchfells besteht. Die Ursache für das Eintreten einer solchen neuen Gleichgewichtslage erblickte B. mit Wahrscheinlichkeit in einer bleibenden Überdehnung der exspiratorisch wirksamen Apparate, so dass sich die Gleichgewichtslage des Thorax zugunsten der Inspiration verschiebt (Überdehnungstheorie). — Die gegensätzlichen, von Hermann und Keller [1]) entwickelten Vorstellungen (Lösung der Adhäsion der Bronchialflächen und elastische Tendenz des fötalen Thorax zur Ausdehnung) weist B. zurück (**43** — 1882) unter Hinweis auf seine Beobachtung, dass bei Eröffnung der Pleurahöhlen am Fötus keine Thoraxerweiterung eintritt. Zur künstlichen Atmung an Neugeborenen schlägt B. ein manuelles Heben der Rippen vor. — Auch gegenüber dem späteren Erklärungsversuche Hermann's [2]) (allmähliches Entstehen der Aspiration durch rascheres Wachsen des Brustkorbes gegenüber der Lunge) konnte B. (**48** — 1884) an jungen Ziegen und Schafen beweisen, dass eine beträchtliche Thoraxaspiration schon ganz kurze Zeit nach der Geburt — sogar schon nach wenigen Minuten — nachweisbar ist. Ein Unterschied in der Wachstumsgeschwindigkeit kann demnach nur für die Festhaltung und Zunahme der Thoraxaspiration, nicht für ihr erstes Entstehen in Betracht kommen.

---

1) L. Hermann und O. Keller, Über den atelektatischen Zustand der Lungen und dessen Aufhören bei der Geburt. Pflüger's Arch. Bd. 20 S. 365. 1879.

2) L. Hermann, Über das Verhalten des kindlichen Brustkastens bei der Geburt. Pflüger's Arch. Bd. 30 S. 276. 1883.

Weiterhin nahm B. das bereits vielbehandelte Problem der **Wirkung der Kohlensäure auf das Atmungszentrum** in Angriff. Nachdem einerseits Sauerstoffverarmung (Rosenthal, Pflüger), andererseits CO_2-Anreicherung (Rosenthal, Pflüger und Dohmen) als bedingende und bestimmende Faktoren für die Tätigkeit des medullaren Atmungszentrums bezeichnet worden waren, stellte B. zunächst (44 — 1882) den **Ablauf der dyspnoischen Atembewegungen** bei Atmung eines indifferenten Gases und eines Luft-Kohlendioxydgemisches fest. Er konstruierte dazu den im Prinzip bereits von Knoll und von Gad angegebenen [1] „Spirographen", welcher die Druckschwankungen in einem Glaszylinder registriert, welcher das durch eine nach aussen führende Kanüle atmende Tier umschliesst. B. fand bei O-Verarmung der Atemluft (z. B. in Wasserstoff) Verstärkung der In- und Exspiration, und zwar mehr noch der Inspiration, bei CO_2-Anreicherung hauptsächlich Verstärkung der Exspiration — und zwar im Sinne von Erhöhung und tetanischer Verlängerung des Exspirationsgipfels gegenüber der Norm. Deutlich sind diese Unterschiede allerdings erst nach Ausschaltung der Regulationsfasern in den Nn. vagi. B. schliesst, dass das O-arme Blut hauptsächlich das Inspirationszentrum, das CO_2-reiche [2] hauptsächlich das Exspirationszentrum reize. Beide Wirkungen sind als zweckmässige Mittel zur Regulation des Gasgehaltes des Blutes zu bezeichnen. — Als technischen Kunstgriff zur Erreichung der normalerweise bei Nasenpassage erfolgenden Vorwärmung, Anfeuchtung und Reinigung der Inspirationsluft empfahl B. (57 — 1888) die Trachealkanüle mit einem Schlauchansatz zu versehen und diesen entweder in das eine Nasenloch hineinzuführen (also Atmen durch das andere freigelassene Nasenloch) oder mit einer Kappe an den Mund anzuschliessen (also Atmen durch die Nase).

---

1) Ph. Knoll, Über die Wirkung von Chloroform und Äther auf Atmung und Blutkreislauf. Sitzungsber. d. Wien. Akad. d. Wiss. Bd. 78 (III. Abt.) S. 223. 1879; J. Gad, Versammlung deutscher Naturforscher und Ärzte 1881. J. Bernstein hat (46 — 1883) die Priorität beider bereitwillig anerkannt.

2) Unter B.'s Leitung sind später E. Laqueur und F. Verzár (LXXXII — 1912) gegenüber der H. Winterstein'schen Reaktionstheorie, dass weder der Sauerstoffmangel noch die Kohlensäurespannung als solche, sondern die Gesamtazidität bzw. die Wasserstoffionenkonzentration des Blutes für die Tätigkeit des Atmungszentrums maassgebend sei (Pflüger's Arch. Bd. 138 S. 167. 1911 und Biochem. Zeitschr. Bd. 70 S. 45. 1915), für eine spezifische, auch bei neutraler, ja ganz schwach alkalischer Reaktion fortbestehende Wirkung der Kohlensäure bzw. des Kohlensäureanions eingetreten, da die Kohlensäure schon bei einer viel geringeren [H·] auf das Atmungszentrum wirke als Salzsäure oder Essigsäure, welche hinwiederum durch Steigerung der CO_2-Freimachung in den Geweben wirken.

Auf dem Gebiete der inneren oder Gewebsatmung verdanken wir B. die recht brauchbare Fläschchenmethode (56 — 1888), wobei zur vergleichenden Untersuchung der Sauerstoffzehrung verschiedener Gewebe Stückchen fein zerkleinerter Organe in kleine, abschliessbare Fläschchen mit 1—5 % Oxyhämoglobinlösung (zuerst durch destilliertes Wasser lackfarben gemacht, dann durch Zusatz von Kochsalz auf Isotonie gebracht) eingebracht werden. Es wird dabei die Zeitdauer für Vollendung der Reduktion bestimmt; die stärkste O-Zehrung ergab sich nach den die verschiedensten Organe von Frosch wie Warmblüter umfassenden Tabellen für Nierenrinde und quergestreifte Muskulatur. — Spätere Versuche (67 — 1891) zeigten, dass hiebei eine Abscheidung reduzierender Substanzen aus den Gewebsstückchen nicht in Frage kommt, sondern eine Anziehung und Bindung des Sauerstoffs seitens der lebenden Zellen stattfindet. Für 100 g Froschmuskel wurde pro 1 ^{h} eine Sauerstoffzehrung von 7,8 ccm, für 100 g Kaninchenmuskel eine solche von 70—83 ccm festgestellt.

Im Anschlusse an seine älteren Studien über den Einfluss von Giften auf die roten Blutzellen (siehe Abschnitt VI) hat B. (49 — 1884, in Gemeinschaft mit Scharffenorth sowie F. J. Becker XIX — 1884) später Versuche angestellt, welche die Rolle der Salze betrafen. Zunächst wurde unter B.'s Leitung durch Scharffenorth die Angabe A. Rollett's [1]) bestätigt, dass Zusatz von Alkalisalzen, speziell von K_2SO_4 zu 0,75 %, die Resistenz der Erythrozyten gegen Hämolyse durch elektrische Ströme erhöht. Dasselbe gilt bezüglich der Hämolyse durch höhere Temperatur (59° C. für Kaninchenblut) oder durch Gefrieren- und Wiederauftauenlassen. Im Gegensatze zur Erhöhung der Resistenz gegen physikalische Lösungsmittel bewirkt Salzzusatz zugleich eine deutliche Verminderung der Resistenz gegen chemische Agentien, Galle, Äther-Alkohol. Dabei steht K_2CO_3 an der Spitze.

V. Studien auf dem Gebiete der Sinnesphysiologie.

Der Sinnesphysiologie hat B. verhältnismässig wenige Originalarbeiten gewidmet. Dieselben bekunden durchwegs die vorwiegend biophysikalische Orientierung seines Interesses und seiner Denkweise. Er verharrte als Schüler von Helmholtz auf dem Standpunkt der physikalisch-objektivistischen Sinnesphysiologie; die modernere exaktsubjektivistische Auffassung und Forschungsweise, wie sie — fussend auf Joh. Müller — E. Hering, E. Mach und C. Stumpf begründeten, blieb B. im wesentlichen fremd. Dessenungeachtet muss ich, gerade

---

1) A. Rollett, Über die Wirkung, welche Salze und Zucker auf die roten Blutkörperchen ausüben. S.-B. d. Wiener Akad. Bd. 84 (III. Abt.) S. 1, 5, 7. 1881.

als Anhänger dieser Denk- und Arbeitsrichtung, betonen, dass B.'s sinnesphysiologische Beiträge keineswegs des bleibenden Wertes entbehren, vielmehr mannigfache bedeutsame Daten und feinsinnige Erwägungen darbieten.

Im Detail wurde bereits oben (S. 19) hingewiesen auf B.'s schätzbare Ausführungen (**21**, S. 193ff. — 1871) über die Weber'schen Tastkreise. Des weiteren stammt von B. (**32** — 1876) die Konstruktion eines Apparates zur Bestimmung des mittleren Knotenpunktes im menschlichen Auge.

Eine kurze in höherem Sinne populäre Darstellung der gesamten Sinnesphysiologie gab B. in dem Büchlein „Die fünf Sinne des Menschen" (**31** — 1876). Das Werkchen, welches den 12. Band von Brockhaus' Internationaler Wissenschaftlicher Bibliothek bildete, erlebte zwei Auflagen (**31** — 1876; **58** — 1889) und erfuhr eine Übersetzung ins Englische. B. behandelt in demselben die Sinnesqualitäten der Haut, den Gesichts- und Gehörssinn, endlich den Geruch und Geschmack. Er teilt dabei zwar den Standpunkt von Joh. Müller, dass wir nicht die Dinge der Aussenwelt, sondern nur die in den Sinneszentren vor sich gehenden Veränderungen empfinden, bezieht jedoch die Aussenlokalisierung der Empfindungen auf eine gewohnheitsmässige Verknüpfung der gleichzeitigen Tast- und Gesichtseindrücke durch einen unbewussten logischen Schluss. B. bekennt sich zur Projektionstheorie, zur Verlegung der empfundenen Bilder nach aussen, entsprechend dem sogenannten Gesetze der exzentrischen Empfindung[1]). In den Kapiteln über Optik und Akustik schliesst sich B. eng an die klassischen Darstellungen seines Lehrers Helmholtz an — speziell auch in der Annahme der sogenannten Dreifarbenlehre und der Muskelgefühlstheorie der Tiefenwahrnehmung. Relativ ausführlich ist die Darstellung der physikalischen Grundlagen des Gehörssinnes — ein Gebiet, für welches B. spezielles Interesse hatte.

---

1) Interessant ist, dass B. selbst eine besonders starke Abweichung zwischen funktionellem und geometrischem Lagewert seiner Netzhautelemente besass, wie daraus hervorgeht, dass er in Versuchen, die er in Gemeinschaft mit Berthold und Dastich unter der Leitung von Helmholtz (Physiolog. Optik, 2. Aufl., S. 801. Hamburg-Leipzig 1896 bzw. 3. Aufl., Bd. III S. 265. 1910) unternahm, am nächsten herangehen musste, um drei in einer objektiv schwach konkaven Zylinderfläche aufgestellte Lote in einer subjektiven Ebene zu sehen. Gerade aus solchen Abweichungen oder Diskrepanzen bzw. Inkonkruenzen beider Netzhäute lässt sich die Zurückweisung der objektivistischen Projektionstheorie und die Sicherung der subjektivistischen Lokalzeichenlehre ableiten (vgl. A. v. Tschermak's Monographie: Über die Grundlagen der optischen Lokalisation nach Höhe und Breite. Ergebn. d. Physiol. Bd. 4 S. 517—564. 1905).

Dieses Interesse für Akustik veranlasste B. dazu, seinen Schüler F. Matte (**XXXVI** — 1892; **XXXVII** — ·1894) zu einer Prüfung des angeblichen Hörens labyrinthloser Tauben, welches R. Ewald[1]) und W. Wundt [2]) behauptet hatten, anzuregen, und dessen Untersuchungen selbst fortzusetzen. Matte und Bernstein (**71** — 1895) [3]) kamen dabei zu dem Ergebnisse, dass des Labyrinths beraubte Tauben — wenn zweckmässig in einer Schwebe aufgehängt — auf Geräuscheindrücke, beispielsweise Knall einer Kinderpistole, nicht reagieren[4]). In besonderen Versuchen konstatierte B. auch Taubheit für Tonschwingungen ($d'' = 594\,S$) bei Zuleitung durch einen Schlauch: es fehlte das charakteristische Kopfschütteln. Komplikationen für die Beobachtung ergeben sich allerdings aus den häufigen spontanen Kopf- und Lidbewegungen bei Tauben (**71** — 1895). Hingegen reagierten die labyrinthlosen Tauben auch in B.'s Versuchen auf die von Stimmgabeln und elektrischen Klingeln erregten Luftschwingungen. Während jedoch R. Ewald und W. Wundt hieraus auf ein restierendes Hörvermögen, speziell auf Reizung des Akusticusstumpfes durch Schallwellen geschlossen hatten, führte B. gleich anderen jenes Verhalten auf taktile Reizung durch Mitschwingen der abgestimmt resonierenden Elemente des Federkleides [5]) der Vögel zurück. B. betonte zudem Matte's Nachweis, dass die labyrinthlosen Tauben auch dann noch auf Luftschwingungen reagieren, wenn bereits sämtliche Fasern des N. acusticus der aufsteigenden Degeneration bis in das medullare Kernlager verfallen sind. Die Kritik, welche R. Ewald an Matte's Operationsmethodik und an dessen Hörprüfungen geübt hatte, wies B. ausführlich (**71** — 1895) zurück. Ebenso widerlegte er (**68** — 1894) die Einwände, welche Wundt bei dieser Gelegenheit gegen das Gesetz von der spezifischen Energie erhoben hatte. Speziell lehnte B. die bezügliche Verwertung binauraler Schwebungen ab; solche konnte

---

1) J. R. Ewald, Der Akusticusstamm ist durch Schall erregbar. Berl. klin. Wochenschr. 1890 Nr. 32; Physiologische Untersuchungen über das Endorgan des Nervus octavus. Wiesbaden 1892; Die zentrale Entstehung von Schwebungen zweier monotisch gehörter Töne. Pflüger's Arch. Bd. 57 S. 80. 1894.

2) W. Wundt, Ist der Hörnerv direkt durch Tonschwingungen erregbar? Philos. Stud. Bd. 8 S. 641. 1893; Akustische Versuche an labyrinthlosen Tauben. Philos. Stud. Bd. 9 S. 496. 1894.

3) Vgl. auch seine zusammenfassende Besprechung betreffend Ohrlabyrinth im Jahresbericht von Virchow-Hirsch 1894 (70).

4) Bei bloss der Schnecken beraubten Tauben konstatierte Matte noch geringes Reaktionsvermögen für Geräusche (etwa durch Vermittelung des Sacculus?), hingegen keine Gleichgewichtsstörungen.

5) Man könnte meines Erachtens das Mitschwingen in weiteren Versuchen sehr wohl durch starkes Einfetten oder Nassmachen der Federn verhindern.

B. (68 — 1894) in Selbstversuchen mit Schlauchzuleitung von zwei akustischen Stromunterbrechern her beobachten, und zwar auch noch an schwellennahen Tönen ($B = 116$, $g = 198$ S). B. vermutet dabei das Stattfinden von Knochenleitung; allerdings gelang es B. nicht, dafür einen direkten Nachweis zu erbringen — in der Form, dass für zwei Beobachter Schwebungen merklich würden, wenn beide in ein gemeinsames Holzbrett beissen, dadurch in Knochenleitungsgemeinschaft stehen und je eine etwas differente Tonschwingung durch Ohrschlauch zugeleitet erhalten.

Das embryonale Hervorgehen von zweierlei Sinnes- bzw. Rezeptionsorganen wie des Gehörorgans und des Labyrinths aus einer gemeinsamen Anlage bezog B. zutreffend auf das gemeinsame Prinzip der Erregung durch Flüssigkeitsbewegung (Teilchenschwingung einerseits, Strömung andererseits). Allerdings meinte er (68, spez. S. 493 — 1894) zugleich — meines Erachtens mit Unrecht — dem Labyrinth, welches er als den phylogenetisch zuerst entwickelten Teil des inneren Ohres betrachtet, eine Sinnesfunktion, d. h. Empfindungsvermittlung, überhaupt absprechen zu sollen und dasselbe ausschliesslich als einen reflektorisch tätigen Apparat ansehen zu sollen [1]).

In zwei Abhandlungen (112 — 1906; 126 — 1914) stellte B. seine neue Theorie der Farbenempfindung dar, welche er sich seit langer Zeit zurechtgelegt hatte. Er suchte damit die Young-Helmholtz'sche und die Hering'sche Lehre zu versöhnen, in denen er kaum mehr als verschiedene Spezialtheorien des Sehvorganges erblickte, nicht aber den Ausfluss von zwei fundamental verschiedenen Anschauungsweisen — der objektivistischen und der exakt-subjektivistischen Sinnesphysiologie — erkannte. Schon aus diesem Grunde wird sich B.'s Theorie kaum als fruchtbar erweisen. Sie behält bezüglich der Funktion der peripheren Apparate die Grundzüge der Young-Helmholtz'schen Theorie bei, während sie bei der Erklärung der zentralen Apparate Vorstellungen von E. Hering verwertet. Mit vollem Recht erblickt B. eine fundamentale Schwäche der Dreifarbenlehre darin, dass für die subjektiv unstreitig einfache Weissempfindung eine dreikomponentige Grundlage angenommen wird. Er schliesst sich der von M. Schultze und W. Kühne begründeten, von H. Parinaud, A. König, J. v. Kries, O. Lummer u. a. übernommenen Hypothese an, dass die Stäbchen nur farblose, die Zapfen daneben auch farbige Empfindung vermitteln — eine meines Erachtens ganz diskutable, doch noch keineswegs ausreichend begründete Vor-

---

1) Vgl. dazu die Studie P. Jensen's (XL — 1896), welche der Bestreitung eines Zusammenhanges zwischen Labyrinthapparat und galvanischem Schwindel durch M. Strehl (Beiträge zur Physiologie des inneren Ohres. Pflüger's Arch. Bd. 61 S. 205. 1895) entgegentritt.

stellung. B. vermeidet dabei den Fehler, welcher der v. Kries'schen Hypothese vom Doppelweiss anhaftet, im Widerspruche zur Empfindungsanalyse zwei Arten von Weiss, nämlich ein einkomponentiges Stäbchenweiss und ein dreikomponentiges Zapfenweiss, anzunehmen. In Übereinstimmung mit E. Hering wird jedem farbigen Lichte neben der farbigen Wirkung eine farblose zuerkannt, indem jeder photochemische Farbsehstoff — zwei Paare solcher werden von B. den Zapfen zugeschrieben — einerseits Weisserregung in einer tieferen Station des Rindenzentrums vermittle, andererseits farbige Erregung in einer höheren Station zustandebringe. Dabei heben sich Rot- und Grünerregung, Gelb- und Blauerregung durch eine hemmende Nebenleitung in ihrer Wirkung auf die Endstation auf.

VI. Toxikologische Beobachtungen.

Auch auf toxikologischem Gebiete hat B. einige schätzbare Beiträge geliefert. So behandelte er (12 — 1867) die Frage, ob das Chloroform (vgl. S. 59 Anm. 3) bloss auf die nervösen Zentren oder auch auf die peripheren Nerven wirke. Nach Unterbindung der einen Art. iliaca am Frosche und Chloroformierung ergab sich zwar kein Unterschied in der Schwelle, jedoch liessen motorische wie sensibel-reflektorische Nervenstämme bei örtlicher Einwirkung von Chloroformdampf anfangs eine Steigerung, später eine Minderung der Erregbarkeit erkennen, von welcher aus noch Erholung eintreten kann. Nach Abtrennung vom verlängerten Mark unterliegt das Rückenmark der Chloroform- bzw. Strychninvergiftung langsamer, und zwar infolge von Aufhebung der beim Frosch nur von der Medullarregion her (durch die Art. spinalis ventralis), nicht segmental erfolgenden Blutzufuhr [1]). Es ergab sich ein Vergiftungsstadium, in welchem zwar nicht auf mässige Einzelreize, wohl aber auf starke und wiederholte Reizungen hin starke, hyperdimensionale Reflexbewegungen ausgeführt wurden; ebenso traten dann Reflexe ein auf die untere Extremität — zwar nicht von deren Haut her, wohl aber von der Haut der vorderen Extremität her. Endlich kamen in gewissen Fällen reflektorische Mitbewegungen der direkt-reflektorisch nicht mehr erregbaren Vorderpfote bei Reizung der Hinterpfote zur Beobachtung. Aus diesem Verhalten schloss B. auf eine raschere Vergiftung der sensiblen Nervenzellen, verglichen mit den motorischen. — Interessant ist auch,

---

1) Genauer gesagt, spielen die Rami spinales der Art. vertebralis dorsi, welche übrigens mit R. laterales der A. spinalis ventralis anastomosieren sollen, keine erhebliche Rolle für die Blutversorgung des Rückenmarkes (vgl. Ecker-Gaupp, Anatomie des Frosches, 2. Aufl., Bd. 2 S. 299, 311. Braunschweig 1899).

dass B. Frösche nach Kochsalzdurchspülung [1]) — also nach Befreiung von Blut — ebenso narkotisierbar fand wie normale, was eine direkte Wirksamkeit des Giftes auf das Nervensystem, ohne Vermittlung der roten Blutzellen, beweist. B. fand auch, dass Nervenfasern ebenso wie Cholesterinkristalle die Eigenschaft haben, sich in einer Chloroformatmosphäre mit Tröpfchen zu beschlagen. Gelegentlich seiner Chloroformversuche bestätigte B. (**12** — 1867) das inzwischen von Bötticher und L. Hermann (1866) beobachtete Lackfarbigwerden des Blutes durch Chloroform und das bereits von Bötticher beschriebene Auskristallisieren des Hämoglobins bei Verflüchtigung dieses Lösungsmittels (**12**, spez. S. 18 — 1867).

Interessante Beobachtungen über Toxikologie und Innervation der Pupille machte B. in Gemeinschaft mit J. Dogiel (**7** — 1866). Faradische Reizung der Iris durch eingestochene und vorgeschobene Elektroden gleich nach dem Tode oder nach Exzision des Bulbus ergibt Dilatation, Aufsetzen der Elektroden auf den Corneoskleralfalz hingegen Verengerung. Reizung des Oculomotoriusstammes in der Sella turcica (nach Entfernen der Grosshirnhemisphären) veranlasst deutliche Verengerung, die nach Atropinisierung wegfällt; wohl aber bleibt der Sphinkter auch dann noch direkt reizbar. Das zuerst von Hirschmann beobachtete Eintreten von Miosis auf lokale Nikotinapplikation — bei eventuellem Wirkungsloswerden der dilatierenden Fasern im Halssympathicus — wurde von B. und D. bestätigt und für das Gift der Calabarbohne, das Physostigmin oder Eserin, erweitert. In beiden Fällen bleibt der M. dilatator pupillae [2]) für direkte Reizung erregbar [3]).

VII. Literarische Leistungen didaktischen Charakters.

Auf didaktischem Gebiete hat B. in seinem Lehrbuche der Physiologie des tierischen Organismus, im Speziellen des Menschen

---

1) Die Durchspülung geschieht nach B.'s Methode (**12** — 1867) durch Einbinden einer Kanüle in den peripheren Teil des einen Aortenbogens und Ausfliessenlassen aus dem zentralen Teil desselben unter temporärer Ligierung des anderen Aortenbogens, während Cohnheim (1869) von der Vena abdominalis anterior aus durchspülte. Die Methode B.'s (**18** — 1870) ist eher geeignet, alle Blutreste zu entfernen.

2) Den direkten physiologischen Nachweis von dessen Existenz erbrachte E. Heese unter B. (**XXXV** — 1892), der an der Katze auch nach Hornhautabtragung und Sphinkterektomie noch Pupillenerweiterung auf Reizung des Halssympathicus erhielt — ebenso Hervortreten des Bulbus, während beim Kaninchen wohl infolge von Überwiegen der gleichzeitigen Vasokonstriktion Zurücksinken des Bulbus erfolgt.

3) Diese Ergebnisse bedeuten Reizung bzw. Erregbarkeitssteigerung der parasympathischen Nervenendigungen im Sphinkter pupillae, eventuell zugleich Lähmung der sympathischen Nervenendigungen im Dilatator durch Nikotin und Eserin bzw. Lähmung der ersteren durch Atropin.

(**69, 93, 119**), welches in Enke's Bibliothek des Arztes erschien und drei Auflagen (1. Aufl. 1894; 2. Aufl. 1900; 3. Aufl. 1908) erlebte, eine sehr dankenswerte Leistung vollbracht. Die Einteilung des Stoffes ist die in den meisten Lehrbüchern übliche, von der Blutlehre zu der Physiologie der Sinne fortschreitend. Doch ist ein Kapitel über Fortpflanzung und ein analytisch-chemischer sowie ein speziell wertvoller physikalisch-chemischer Anhang beigeschlossen. Die Darstellung ist sehr flüssig, ansprechend und zum Studium vorzüglich geeignet, so dass ich B.'s Lehrbuch geradezu das bestlesbare nennen möchte. Ein spezieller bleibender Wert ist in zahlreichen schematischen Zeichnungen sowie in reichen und zuverlässigen Zahlenangaben und Tabellen gelegen. Inhaltlich bedürfte das Buch heute allerdings einer weitgehenden Erneuerung.

Für Fragen der Studienorganisation hat B. stets ein besonderes Interesse bekundet. So widmete er der **Frage der Vorbildung der Medizin-Studierenden** in Hinblick auf die neue Prüfungsordnung eine besondere Schrift (**88, 89 —** 1899), in welcher er speziell die ungenügende naturwissenschaftliche Gymnasialvorbildung rügte — speziell in der Chemie, die schon in der Mittelschule praktisch betrieben werden sollte. B. trat ein für eine teilweise Differenzierung des Mittelschulunterrichtes vom 15. Lebensjahre ab, indem die Prima eine philosophisch-historische und eine mathematisch-naturwissenschaftliche Abteilung erhalten sollte [1]). In bezug auf die Prüfungsordnung empfiehlt B. eine — im früheren Österreich durchgeführte — zeitliche Trennung des Physikums in zwei Stationen bzw. Prüfungsgruppen; zugleich tritt er für Beibehaltung der doppelten Prüfung aus Anatomie und Physiologie ein (nunmehr abgeschafft, und zwar meines Erachtens mit Recht).

Als Didakt interessierte B. (**102 —** 1902) auch die **Frage des mathematischen und naturwissenschaftlichen Unterrichtes an den höheren Realanstalten**, zumal nachdem die Abiturienten des Realgymnasiums zu den medizinischen Studien zugelassen wurden. B. empfiehlt — gleich F. Klein und E. Götting[2]) — die Einführung der analytischen Geometrie (bereits seit langem an den bisher österreichischen Gymnasien erfolgt!) und der Grundlagen der Differential- und Integralrechnung in den oberen Klassen der Realanstalten. B. verweist mit Recht auf die enorme Bedeutung, welche der analytisch-geometrischen Funktionsdarstellung in den Naturwissenschaften wie

---

1) Er wandte sich dabei (**89 —** 1899) gegen den Vorschlag L. Hermann's einer allgemeinen Beschränkung der philologischen und Erweiterung der mathematisch-naturwissenschaftlichen Vorbildung.

2) Über den mathematischen und naturwissenschaftlichen Unterricht in den höheren Realanstalten. Pädagogische Zeitung 1902, S. 592—594.

in der Medizin zukommt. Bezüglich des naturwissenschaftlichen Unterrichts fordert B. speziell Ausdehnung der Physik und Chemie in den Realgymnasien sowie Einführung der Somatologie in der Prima aller höheren Lehranstalten.

Anhang.

Literaturverzeichnis.

A) Veröffentlichungen von J. Bernstein (Nr. 1—135, 1862—1916).

1. Einiges zur Ursache der Herzbewegung. Reichert-Du Bois' Arch. 1862, S. 527—531.
2. Vorläufige Mitteilung über einen neuen elektrischen Reizapparat für Nerv und Muskel. Reichert-Du Bois' Arch. 1862, S. 531—532.
3. De animalium evertebratorum musculis nonnulla. Diss. Berlin 1862. 32 S.
4. Herzstillstand durch Sympathicusreizung. Vorl. Mitteil. Centr.-Bl. f. d. med. Wiss. 1863, Nr. 52, S. 817.
5. Vagus und Sympathicus. Vorl. Mitteil. Centr.-Bl. f. d. med. Wiss. 1864, Nr. 16, S. 240—241.
6. Untersuchungen über den Mechanismus des regulatorischen Herznervensystems. Reichert-Du Bois' Arch. 1864, S. 614—666.
7. (Mit J. Dogiel.) Versuche über die Wirkung einiger Gifte auf die Iris. Verh. d. naturh.-med. Vereins zu Heidelberg. IV, S. 28—31, 1866.
8. Die Natur der negativen Schwankung und des elektrotonischen Zustandes des Nervenstromes. Vorl. Mitteil. Centr.-Bl. f. d. med. Wiss. 1866, Nr. 15, S. 225—228.
9. Die Fortpflanzungsgeschwindigkeit der negativen Schwankung im Nerven. Vorl. Mitteil. Centr.-Bl. f. d. med. Wiss. 1866, Nr. 38, S. 593 bis 596.
10. Untersuchungen über die Natur des elektrotonischen Zustandes und der negativen Schwankung des Nervenstromes. Reichert-Du Bois' Arch. 1866, S. 596—637.
11. Zur Innervation des Herzens. Vorl. Mitteil. Centr.-Bl. f. d. med. Wiss. 1867, Nr. 1, S. 1—3.
12. Über die physiologische Wirkung des Chloroforms. Moleschott's Unters. z. Naturlehre. X, 1870, S. 280—300 (veröffentlicht 1867).
13. Über den zeitlichen Verlauf der negativen Schwankung des Nervenstromes. Monatsber. d. Berl. Akad., 14. Februar 1867, S. 72—77.
14. Über den zeitlichen Verlauf der negativen Schwankung des Muskelstromes. Monatsber. d. Berl. Akad., 18. Juli 1867, S. 440—450.
15. Über den zeitlichen Verlauf der negativen Schwankung. Pflüger's Arch. 1, S. 173—207, 1868.
16. Bemerkung zu dem Aufsatze: „Über die vasomotorischen Wirkungen u. s. w." von Aubert und Roever (1, S. 211). Pflüger's Arch. 1, S. 601—602, 1868.
17. Zur Theorie des Fechner'schen Gesetzes der Empfindung. Reichert-Du Bois' Arch. 1868, S. 388—393.
18. Über das Auswaschen des Blutes der Frösche mit Kochsalzlösung. Centr.-Bl. f. d. med. Wiss. 1870, Nr. 54, S. 851.
19. Über elektrische Oscillationen im inducirten Leiter. Pogg. Ann. 142, S. 54—88, 1870.

20. Über elektrische Oscillation in geradlinigen Leitern und in Elektrolyten. Monatsber. d. Berl. Akad., 13. Juli 1871, S. 380.

21. Untersuchungen über den Erregungsvorgang im Nerven- und Muskelsysteme. Heidelberg, C. Winter, 1871, 240 S.

22. Gegenbemerkung über die Anfangszuckung (contra Setschenow 5, S. 114). Pflüger's Arch. 5, S. 318—319, 1872.

23. Über das myophysische Gesetz des Herrn Preyer (5, S. 294 u. 486). Pflüger's Arch. 6,--S, 403—412, 1872.

24. Einige Versuche über Resorption. S.-B. d. physiol. Ver. zu Berlin. Berl. klin. Wochenschr. 1872, Nr. 28.

25. Über die myophysischen Untersuchungen von Preyer. II. (6, S. 567 und 7, S. 200). Pflüger's Arch. 7, S. 90—100, 1873.

26. Über den Elektrotonus und die innere Mechanik des Nerven. Pflüger's Arch. 8, S. 40—60, 1874.

27. Über Elektrotonus. Antikritik (gegen L. Hermann, 8, S. 258). Pflüger's Arch. 11, S. 498—505, 1874.

28. Über die Höhe des Muskeltones bei elektrischer und chemischer Reizung. Pflüger's Arch. 11, S. 191—196, 1875.

29. Über aen zeitlichen Verlauf des Polarisationsstromes. Pogg. Ann. 155, S. 177—211, 1875.

30. (Mit J. Steiner.) Über die Fortpflanzung der Kontraktion und der negativen Schwankung im Säugetiermuskel. Du Bois' Arch. 1875, S. 526—551.

31. Die fünf Sinne des Menschen. Internat. Bibl. Bd. XII. Leipzig, Brockhaus, 1876, 285 S.
   Englisch: The five senses of man. New York, Appleton & Co., 1876.

32. Über die Ermittlung des Knotenpunktes im Auge des lebenden Menschen. Monatsber. d. Berl. Akad., 7. August 1876, S. 509—515.

33. Über den Sitz der automatischen Erregung im Froschherzen. Centr.-Bl. f. d. med. Wiss. 1876, Nr. 22, S. 385.

34. Bemerkung zur Frage über die Automatie des Herzens. Centr.-Bl. f. d. med. Wiss. 1876, Nr. 25, S. 435.

35. Über die Ermüdung und Erholung des Nerven. Pflüger's Arch. 15, S. 289—327, 1877.

36. (Mit R. Marchand und K. Schoenlein.) Versuche zur Innervation der Blutgefässe. Pflüger's Arch. 15, S. 575—602, 1877.

37. Über Erzeugung des Tetanus und die Anwendung des akustischen Stromunterbrechers. Pflüger's Arch. 17, S. 121—124, 1878.

38. Über die Entstehung der Aspiration des Brustkorbes bei der Geburt. Pflüger's Arch. 17, S. 617—623, 1878.

39. Über den zeitlichen Verlauf der elektrotonischen Ströme des Nerven. Monatsber. d. Berl. Akad., 12. Februar 1880, S. 186—192.

40. Über die Kräfte der lebenden Materie. Preisverkündigungsprogramm d. Univers. Halle, 1880, 22 S.

41. Telephonische Wahrnehmung der Schwankungen des Muskelstromes bei der Kontraktion. Nach Versuchen mit K. Schoenlein. Sitzungsber. d. naturf. Ges. zu Halle, 8. Mai 1881, S. 1—10.

42. Entwicklung und Standpunkt der Physiologie. Rede zur Eröffnung des neuen physiolog. Instituts am 3. November 1881. Deutsche Revue, November 1881.

43. Zur Entstehung der Aspiration des Thorax bei der Geburt (contra L. Hermann, 22, S. 365). Pflüger's Arch. 28, S. 229—242, 1882.

44. Über die Einwirkung der Kohlensäure des Blutes auf das Atemzentrum. Du Bois' Arch. 1882, S. 313—328.

45. Die Erregungszeit der Nervenendorgane in den Muskeln. Du Bois' Arch. 1882, S. 329—346.

46. Erklärung (betr. Ursache der Dyspnoe). Centr.-Bl. f. d. med. Wiss. 1883, Nr. 28, S. 512.

47. Über den Einfluss der Reizfrequenz auf die Entwickelung der Muskelkraft. Du Bois' Arch. 1883, Suppl.-Bd. Festgabe für Du Bois, S. 88—104.

48. Weiteres über die Entstehung der Aspiration des Thorax nach der Geburt. Pflüger's Arch. 34, S. 21—37, 1884.

49. Über den Einfluss der Salze auf die Lösung der roten Blutkörperchen. Ber. d. Naturf.-Vers. in Magdeburg 1884, S. 96—98.

50. Über das zeitliche Entstehen der elektrischen Polarisation. Naturwiss. Rundsch., I. Jahrg., Nr. 2, S. 9, 1886.

51. Über den Elektrotonus der Nerven. Naturwiss. Rundsch., I. Jahrg., Nr. 26, S. 225, 1886.

52. Über das Entstehen und Verschwinden der elektrotonischen Ströme im Nerven und die damit verbundenen Erregungsschwankungen des Nervenstromes. Du Bois' Arch. 1886, S. 197—250.

53. Über die sekundären Wellen der Pulskurve. Sitzungsber. d. naturf. Ges. zu Halle, 4. März 1887, S. 1—10.

54. Neue Theorie der Erregungsvorgänge und elektrischen Erscheinungen an der Nerven- und Muskelfaser. Naturwiss. Rundsch., III. Jahrg., Nr. 28, S. 353, 1888.

55. Neue Theorie der Erregungsvorgänge und elektrischen Erscheinungen an der Nerven- und Muskelfaser. Unters. a. d. phys. Inst. zu Halle, I. Heft, S. 27—104, 1888.
   (Siehe auch Verhandlungen der naturforsch. Gesellschaft zu Halle a. S. 17, 1. u. 2. Heft, 1888, S. 135.)

56. Über die Sauerstoffzehrung der Gewebe. Unters. a. d. phys. Inst. zu Halle, Heft I, S. 107—136, 1888.

57. Ein Trachealrespirator. Centr.-Bl. f. d. med. Wiss. 1888, Nr. 17, S. 321—323.

58. Die fünf Sinne des Menschen. 2. Aufl., 285 S. Internat. wiss. Bibl. Bd. XII. Leipzig, Brockhaus, 1889.

59. Nachruf auf P. du Bois-Reymond. Naturwiss. Rundsch., IV. Jahrg., Nr. 19, 1889.

60. Phototelephonische Untersuchung des zeitlichen Verlaufs elektrischer Ströme. Sitzungsber. d. Berl. Akad. Bd. VIII, 13. Februar 1890, S. 153—157.

61. Über die mechanistische und vitalistische Vorstellung vom Leben. Rektoratsrede. Naturwiss. Rundsch., V. Jahrg., Nr. 45, S. 569, 1890. Auch separat erschienen bei Vieweg & Sohn, Braunschweig 1890, unter dem Titel: Die mechanistische Theorie des Lebens, ihre Grundlagen und Erfolge.

62. Sphygmophotographische Versuche. Fortsch. d. Medicin 1890, Nr. 4.

63. Über die Beziehungen zwischen Kontraktion und Starre des Muskels. Unters. a. d. phys. Inst. zu Halle, Heft II, S. 173—182, 1890.

64. Über den mit einer Muskelzuckung verbundenen Schall und das Verhältniss desselben zur negativen Schwankung. Unters. a. d. phys. Inst. zu Halle, Heft II, S. 183—191, 1890.

65. Über den zeitlichen Verlauf der Depolarisation im Muskel. Unters. a. d. phys. Inst. zu Halle, Heft II, S. 193—219, 1890.

66. Zur Theorie der elektrischen Erregung (Antwort auf die Bemerkung des Herrn N. v. Regéczy über meine Theorie). Pflüger's Arch. 46, S. 259—265, 1890.

67. Weitere Versuche über die Sauerstoffzehrung in den Geweben. Verh. d. Ges. d. Naturf. u. Ärzte zu Halle, September 1891, Teil II, S. 148 bis 151.

68. Über die spezifische Energie des Hörnerven, die Wahrnehmung binauraler (diotischer) Schwebungen und die Beziehung dér Hörfunktion zur statischen Funktion des Ohrlabyrinths. Pflüger's Arch. 57, S. 475—494, 1894.

69. Lehrbuch der Physiologie des tierischen Organismus, im Speziellen des Menschen. Stuttgart, Enke, 1894.

70. Referate über Physiologie der Sinne, Stimme und Sprache, des Zentralnervensystems, Psychophysik. Virchow-Hirsch's Jahresber. Physiologie II, S. 202—218, 1894.

71. Über das angebliche Hören labyrinthloser Tauben. (Nach Versuchen, welche gemeinsam mit Dr. Fr. Matte angestellt sind.) Pflüger's Arch. 61, S. 113—122, 1895.

72. Das Beugungsspektrum des quergestreiften Muskels bei der Kontraktion. Pflüger's Arch. 61, S. 285—290, 1895.

73. Nachruf auf Helmholtz. Naturwiss. Rundsch., X. Jahrg., Nr. 6, S. 73, 1895.

74. Nachruf auf C. Ludwig. Naturwiss. Rundsch., X. Jahrg., Nr. 27, S. 349, 1895.

75. Über die Latenzdauer der Muskelzuckung. Pflüger's Arch. 67, S. 207—218, 1897.

76. Zur Theorie der negativen Schwankung. Über die Methode der Rheotomversuche und über den Einfluss der Belastung auf die negative Schwankung des Muskels. Pflüger's Arch. 67, S. 349—372, 1897.

77. Zur Geschwindigkeit der Kontraktionsprozesse. (Bemerkung zu dem Aufsatz von Th. W. Engelmann: „Über den Einfluss der Reizstärke usw.") Pflüger's Arch. 68, S. 95—99, 1897.

78. Über das Verhalten der Kathodenstrahlen zu einander. Wied. Ann. d. Physik, 62, S. 415—424, 1897.

79. Nachruf auf E. du Bois-Reymond. Naturwiss. Rundsch., XII. Jahrgang, Nr. 7, S. 87, 1897.

80. Nachruf auf F. Holmgren. Naturwiss. Rundsch., XII. Jahrg., Nr. 45, S. 579, 1897.

81. Nachruf auf R. Heidenhain. Naturwiss. Rundsch., XII. Jahrg., Nr. 47, S. 606, 1897.

82. Gegenbemerkung zu der Engelmann'schen Abhandlung: „Über den Einfluss der Reizstärke" (Pflüger's Arch. 69, S. 28, 1898). Pflüger's Arch. 70, S. 367—370, 1898.

83. Über reflektorische negative Schwankung des Nervenstromes und die Reizleitung im Reflexbogen. Pflüger's Arch. 73, S. 374—380, 1898.

84. Über reflektorische negative Schwankung des Nervenstromes und die Reizleitung im Reflexbogen. Arch. f. Psychiatr. 30, Heft II, 1898, S. 651—652.

85. Zur Theorie des Wachstums und der Befruchtung. Arch. f. Entw.-Mech. 7, S. 511—521, 1898.

86. Ein Vorschlag zur Untersuchung des Nordlichtes. Naturwiss. Rundsch. XIV. Jahrg., Nr. 8, S. 95, 1899.

87. Zur Konstitution und Reizleitung der lebenden Substanz. Biolog. Centr.-Bl. 29, S. 289—295, 1899.

88. Die Vorbildung der Medizinstudierenden im Hinblick auf den Entwurf der neuen Prüfungsordnung. Braunschweig, Vieweg & Sohn. 1899, 25 S.

89. Bemerkungen zum Bildungsgange der Medizinstudierenden und dem Entwurf der neuen Prüfungsordnung. Hochschulnachrichten, Akad. Tagesfragen. Oktober 1899, S. 7—8.

90. Zur Abwehr, betreffend die reflektorische negative Schwankung. Pflüger's Arch. 79, S. 423—424, 1900.

91. Chemotropische Bewegung eines Quecksilbertropfens. Zur Theorie der amöboiden Bewegung. Pflüger's Arch. 80, S. 628—637, 1900.

92. Nochmals die reflektorische negative Schwankung. Zur Abwehr gegen L. Hermann. Pflüger's Arch. 81, S. 138—150, 1900.

93. Lehrbuch der Physiologie des tierischen Organismus, im Speziellen des Menschen. 2. Aufl. Stuttgart, Enke, 696 S., 1900.

94. Erwiderung auf L. Hermann's „Letztes Wort usw.". Pflüger's Arch. 83, S. 181—186, 1900.

95. Die Energie des Muskels als Oberflächenenergie. Pflüger's Arch. 85, S. 271—312, 1901.

96. Ein Versuch zur Theorie der Tropfelektrode. Zeitschr. f. physik. Chem. 38, S. 200—204, 1901.

97. Die Kräfte der Bewegung in der lebenden Substanz. Naturwiss. Rundsch., XVI. Jahrg., Nr. 33, S. 413; Nr. 34, S. 429; Nr. 35, S. 441, 1901. Auch separat bei Vieweg & S., Braunschweig 1902, 28 S.

98. (Mit A. Tschermak.) Über die Beziehung der negativen Schwankung des Muskelstromes zur Arbeitsleistung des Muskels. Pflüger's Arch. 89, S. 289—332, 1902.

99. Erklärung zu L. Hermann's Jahresbericht der Physiologie 1901 betreffs der reflektorischen negativen Schwankung. Pflüger's Arch. 89, S. 592—593, 1902.

100. Gegenerklärung, Erwiderung auf L. Hermann's Erklärung in diesem Archiv 90, S. 232. Pflüger's Arch. 90, S. 583—584, 1902.

101. Untersuchungen zur Thermodynamik der bioelektrischen Ströme. I. Teil. Pflüger's Arch. 92, S. 521—562, 1902.

102. Über den Unterricht in der Mathematik und Naturwissenschaft an den Realschulen. Zeitschr. f. d. math. Unterr. 1902.

103. (Mit A. Tschermak.) Über das thermische Verhalten des elektrischen Organs von Torpedo. Sitzungsber. d. Berl. Akad. 11. Februar 1904, S. 301—313.

104. Hermann von Helmholtz, Badische Biographien. Bd. V, S. 281 bis 294. Karlsruhe 1904.

105. (Mit A. Tschermak.) Über die Frage: „Präexistenztheorie oder Alterationstheorie des Muskelstromes". Pflüger's Arch. 103, S. 67 bis 84, 1904.

106. Bemerkungen zu dem Aufsatze von L. Hermann: „Über elektrische Wellen in Systemen von hoher Kapazität und Selbstinduktion". Ann. d. Physik, 4. Reihe, 13, S. 1073—65, 1904.

107. Berechnung des Durchmessers der Moleküle aus kapillar-elektrischen Versuchen. Ann. d. Physik, 4. Reihe, 14, S. 172—176, 1904.

108. Elektrische Eigenschaften der Zellen und ihre Bedeutung. Naturwiss. Rundsch. XIX. Jhrg. Nr. 16, 1905.

109. Bemerkung zur Wirkung der Oberflächenspannung im Organismus. Eine Entgegnung. Anatom. Hefte von Merkel und Bonnet, 27, S. 823—827, 1905.

110. Über den osmotischen Druck der Galle und des Blutes. Zur Theorie der Sekretion und Resorption. Pflüger's Arch. 109, S. 307—323, 1905.

111. Zur Theorie der Muskelkontraktion: Kann die Muskelkraft durch osmotischen Druck oder Quellungsdruck erzeugt werden? Pflüger's Arch. 109, S. 323—337, 1905.

112. Eine neue Theorie der Farbenempfindung. Naturwiss. Rundsch. Bd. 21, Nr. 38, 1906.

113. (Mit A. Tschermak.) Untersuchungen zur Thermodynamik der bioelektrischen Ströme. II. Teil. Über die Natur der Kette des elektrischen Organs bei Torpedo. Pflüger's Arch. 112 S. 439—522, 1906.

114. Zur Frage der Präexistenztheorie oder der Alterationstheorie des Muskelstromes. Pflüger's Arch. 113, S. 605—612, 1906.

115. Die Entropie und Anatropie der Welt. (Naturwiss. Skizze.) „Tag", Berlin 1907, 14. Mai.

116. Zur Thermodynamik der Muskelkontraktion. 1. Über die Temperaturkoeffizienten der Muskelenergie. Nebst Versuchen über den Temperaturkoeffizienten der Oberflächenspannung kolloider Lösungen. Nach gemeinsamen Versuchen mit cand. med. W. Knape, L. Koeppe und W. Lindemann. Pflüger's Arch. 122, S. 129—196, 1908.

117. Berichtigung zu dem Aufsatz, betitelt: „Zur Thermodynamik der Muskelkontraktion". Pflüger's Arch. 122, S. 129. Ebenda 122, S. 418, 1908.

118. Zur Thermodynamik der Muskelkontraktion. Eine Erwiderung. Pflüger's Arch. 124, S. 462—469, 1908.

119. Lehrbuch der Physiologie des tierischen Organismus, im Speziellen des Menschen. 3. Aufl. Stuttgart, Enke, 1908.

120. Kontraktionstheorie. Pflüger's Arch. 128, S. 136—142, 1909.

121. Die Thermoströme des Muskels und die Membrantheorie der bioelektrischen Ströme. Pflüger's Arch. 131, S. 589—600, 1910.

122. Herz, Muskeln, Nerven und Bioelektrizität. Saale-Zeitung, 22. Juli 1912.

123. Elektrobiologie. Die Lehre von den elektrischen Vorgängen im Organismus, auf moderner Grundlage dargestellt. Vieweg's Sammlung: Die Wissenschaft, 41. Heft. Braunschweig 1912.

124. Erinnerungen an das elterliche Haus. (Als Manuskript gedruckt.) 1913.

125. Zur elektrochemischen Grundlage der bioelektrischen Potentiale. Biochemische Zeitschr. 50, S. 393—401, 1913.

126. Eine Theorie der Farbenempfindung auf phylogenetischer Grundlage. Pflüger's Arch. 156, S. 265—298, 1914.

127. Zur physikalisch-chemischen Analyse der Zuckungskurve des Muskels. Pflüger's Arch. 156, S. 299—313, 1914.

128. Über den zeitlichen Verlauf der Wärmebildung bei der Kontraktion des Muskels. (Nach Untersuchungen mit Dr. E. Lesser vom Jahre 1908.) Pflüger's Arch. 159, S. 521—584, 1914.

129. Erwiderung, betreffend die Versuche von A. Herlitzka über die Wärmebildung bei der Herzkontraktion. Pflüger's Arch. 161, S. 595 bis 598, 1915.

130. Experimentelles und Kritisches zur Theorie der Muskelkontraktion. Pflüger's Arch. **162**, S. 1—53, 1915.

131. Kontraktilität und Doppelbrechung des Muskels. Pflüger's Arch. **163**, S. 594—600, 1916.

132. Über die Thermoströme des Muskels. In Hinblick auf die Versuche von W. Pauli und J. Matula. Pflüger's Arch. **164**, S. 102—110, 1916.

133. Ein lineares Induktorium. Pflüger's Arch. **164**, S. 198—202, 1916.

134. Kontraktionstheorie. Berliner klin. Wochenschr. **53**, Nr. 23, S. 620 bis 621, 5. Juni 1916.

135. Über die elektrische Ableitung des Muskelquerschnittes. Pflüger's Arch. **166**, S. 201—202, 1916.

B) Veröffentlichungen unter J. Bernstein's Leitung
(Nr. I—LXXXII, 1874—1912).

I. J. Steiner, Über die Immunität der Zitterrochen (Torpedo) gegen ihren eigenen Schlag. Reichert-Du Bois' Arch. 1874, S. 684—700.

II. J. Steiner, Zur Innervation des Froschherzens. Reichert-Du Bois' Arch. 1874, S. 474—490.

III. J. Steiner, Notiz über die Wirkung des amerikanischen Pfeilgiftes Curare auf verschiedene Thierklassen. Reichert-Du Bois' Arch. 1874, S. 700—701.

IV. Bernheim, Über die Wirkung des elektrischen Stromes in verschiedener Richtung gegen die Längsaxe des Nerven und Muskels. Pflüger's Arch. 8, S. 60—70, 1874.

V. Bernheim, Über die Wirkung des salpetrigsauren Amyloxyds. Pflüger's Arch. 8, S. 253—257, 1874.

VI. P. Böttger, Über die physiologische Wirkung der Abführmittel. Diss. 1874.

VII. J. Steiner, Über die Wirkung des amerikanischen Pfeilgiftes Curare. Eine vergleichend physiologische Untersuchung. Reichert-Du Bois' Arch. 1875, S. 145—176.

VIII. J. Steiner, Untersuchungen über den Einfluss der Temperatur auf den Nerven- und Muskelstrom. Reichert-Du Bois' Arch. 1876, S. 382—421.

IX. R. Marchand, Beiträge zur Kenntniss der Reizwelle und der Kontraktionswelle des Herzmuskels. Pflüger's Arch. 15, S. 511—536, 1877.

X. R. Marchand, Der Verlauf der Reizwelle des Ventrikels bei Erregung desselben vom Vorhofe aus und die Bahn, auf der die Erregung zum Ventrikel gelangt. Pflüger's Arch. 17, S. 137—151, 1878.

XI. K. Schoenlein, Versuche über einige physiologische Wirkungen des Natriumkarbonates. Pflüger's Arch. 18, S. 26—38, 1878.

XII. R. Marchand, Versuche über das Verhalten von Nervenzentren gegen äussere Reize. Pflüger's Arch. 18, S. 511 bis 542, 1878.

XIII. J. Boas, Ein Beitrag zur Lehre von der paroxysmalen Hämoglobinurie. Diss. 1881.

XIV. K. Schoenlein, Über das Verhalten des sekundären Tetanus bei verschiedener Reizfrequenz. Diss. und Du Bois' Arch. 1882, S. 347—356.

XV. K. Schoenlein, Zur Frage nach der Natur der Anfangs-zuckung. Du Bois' Arch. 1882, S. 357—368.

XVI. K. Schoenlein, Über rhythmische Kontraktionen quer-gestreifter Muskeln auf tetanische Reizung. Du Bois' Arch. 1882, S. 369—386.

XVII. K. Schoenlein, Über das Verhalten der Wärmeentwickelung in Tetanis verschiedener Reizfrequenz. Habilit.-Schrift, Halle 1883.

XVIII. Ed. Leser, Untersuchungen über ischämische Muskellähmun-gen und Muskelkontrakturen. Diss. 1884.

XIX. Fr. Jos. Becker, Über den Einfluss, welchen verschiedene Salze auf die roten Blutkörperchen ausüben. Diss. 1884.

XX. F. Löwenhardt, Versuche über das Schicksal und die Wir-kungsweise elastischer Ligaturen in der Bauchhöhle. Diss. 1884.

XXI. A. Hesselbach, Über die Entstehung des ersten Herztones. Diss. 1884.

XXII. L. Th. Kämpffer, Über die Wirkung der Vaguserregung auf das Froschherz. Diss. 1884.

XXIII. Krieg, Beiträge zum zeitlichen Verlauf der galvanischen Polarisation. Diss. 1884.

XXIV. P. Schütte, Über die Regulierung des Blutstromes im Zu-stande der Dyspnoe. Diss. 1885.

XXV. Ad. Olshausen, Entoptische Untersuchung eines zentralen Blendungsskotoms. Diss. 1885.

XXVI. K. Schoenlein, Die Summation der negativen Schwankungen. Du Bois' Arch. 1886, S. 251—262.

XXVII. E. W. Franke, Über Sympathicus-Reflexe beim Frosch. Diss. 1886.

XXVIII. M. Levy, Über den Einfluss der Dehnung auf die Muskel-kraft. Diss. 1886.

XXIX. Alb. V. Klingenbiel, Untersuchungen über Muskelstarre am quergestreiften Muskel. Diss. 1887.

XXX. Des. Leicher, Über den Einfluss des Durchströmungswinkels auf die elektrische Reizung der Muskelfaser. Unters. a. d. phys. Inst. zu Halle, Heft I, S. 1—26, 1888.

XXXI. Sally Simson, Zum Curarediabetes. Diss. 1888.

XXXII. B. Morgen, Über Reizbarkeit und Starre der glatten Muskeln. Unters. a. d. phys. Inst. zu Halle, Heft II, S. 137—169, 1890.

XXXIII. C. v. Lucowicz, Über die Automatie des Froschherzens. Unters. a. d. phys. Inst. zu Halle, Heft II, S. 221—240, 1890.

XXXIV. F. Helmke, Der Einfluss der Athembewegungen auf die Blutzirkulation. Diss. 1891.

XXXV. E. Heese, Über den Einfluss des Sympathicus auf das Auge, insbesondere auf die Irisbewegung. Pflüger's Arch. 52, S. 535 bis 556, 1892.

XXXVI. Fr. Matte, Ein Beitrag zur Funktion der Bogengänge des Labyrinths. Diss. 1892.

XXXVII. Fr. Matte, Untersuchungen über die Funktion des Ohr-labyrinths der Taube. Vorl. Mitteil. Fortschr. d. Medizin. 15. Februar 1894.

XXXVIII. Fr. Matte, Experimenteller Beitrag zur Physiologie des Ohr-labyrinths. Pflüger's Arch. **57**, S. 437—475, 1894.

XXXIX. L. Hellwig, Über den Axialstrom des Nerven und seine Be-ziehung zum Neuron. Diss. 1896 und Du Bois' Arch. 1898, S. 239—259.

XL. P. Jensen, Über den galvanischen Schwindel. Habilit.-Schr. Pflüger's Arch. **54**, S. 182—222, 1896.

XLI. H. Freyberg, Über die Automatie des Säugetierherzens. Diss. 1897.

XLII. M. Lewandowsky, Zur Lehre vom Lungenvagus. Diss. 1898; zudem erschienen unter dem Titel: Über Schwankungen des Vagusstromes bei Volumänderungen der Lunge. Pflüger's Arch. **73**, S. 288—296, 1898.

XLIII. E. Meyer, Über den Einfluss der Spannungszunahme während der Zuckung auf die Arbeitsleistung des Muskels und den Verlauf der Kurve. Diss. 1898 und Pflüger's Arch. **69**, S. 593 bis 612, 1898.

XLIV. P. Jensen, Über das Verhältnis der mechanischen und elek-trischen Vorgänge im erregten Muskel. Pflüger's Arch. **77**, S. 107—155, 1899.

XLV. A. Tschermak, Über physiologische und pathologische An-passung des Auges. Leipzig, Veit & Co., 31 S., 1900.

XLVI. A. Tschermak, Über spektrometrische Verwendung von Helium. Pflüger's Arch. **88**, S. 95—97, 1901.

XLVII. R. Keller, Über die Folgen von Verletzungen in der Gegend der unteren Olive bei der Katze. Arch. f. Anat. von W. His. 1901, S. 177—249.

XLVIII. A. Tompa, Beiträge zur pflanzlichen Elektrizität. Beihefte z. Bot. Centr.-Bl. Bd. XII, Heft I, S. 99—136, 1902.

XLIX. A. Tschermak, Studien über das Binokularsehen der Wirbel-tiere. Einleitende Mitteilung. Pflüger's Arch. **91**, S. 1—20, 1902.

L. W. Ewald, Ein Beitrag zur Lehre von der Erregungsleitung zwischen Vorhof und Ventrikel des Froschherzens. Pflüger's Arch. **91**, S. 21—34, 1902.

LI. A. Tschermak, Über den Einfluss lokaler Belastung auf die Leistungsfähigkeit des Skeletmuskels. Pflüger's Arch. **91**, S. 217—247, 1902.

LII. A. Tschermak, Notiz über das Verdauungsvermögen der menschlichen Galle. Centr.-Bl. f. Phys., 27. September 1902, S. 329—330.

LIII. A. Tschermak, Die Hell-Dunkeladaption des Auges und die Funktion der Stäbchen und Zapfen. Ergebn. d. Phys., **1** (1), S. 695—800, 1902.

LIV. A. Tschermak, Über die absolute Lokalisation bei Schielen-den. Arch. f. Ophth. **55**, S. 1—45, 1902.

LV. G. Köster und A. Tschermak, Über den Nervus depressor als Reflexnerv der Aorta. Pflüger's Arch. **93**, S. 24—38, 1902.

LVI. A. Tschermak, Über einige neuere Methoden der Unter-suchung Schielender. Centr.-Bl. f. prakt. Aghlkde. 1902, S. 1—14.

LVII. A. Tschermak und P. Hoefer, Über binokulare Tiefen-wahrnehmung auf Grund von Doppelbildern. Pflüger's Arch. **93**, S. 299—321, 1903.

LVIII. A. Tschermak, Über Kontrast und Irradiation. Ergebn. d. Physiol. **2** (2), S. 726—798, 1903.

LIX. A. Tschermak, Das Anpassungsproblem in der Physiologie der Gegenwart. Arch. d. sc. biol. **11.** Suppl. St. Petersburg 1904, S. 79—96.

LX. A. Tschermak, Über die Lokalisation der Sehsphäre des Hundes. Centr.-Bl. f. Phys. **19**, S. 335—336, 1905.

LXI. A. Tschermak, Über die Grundlagen der optischen Lokalisation nach Höhe und Breite. Ergebn. d. Physiol. **4**, S. 517 bis 564, 1905.

LXII. A. Tschermak, Physiologie des Gehirns. Bd. IV (1) d. Handbuches der Physiologie, hrsg. von W. Nagel. Braunschweig, Vieweg, 1905.

LXIII. M. Frank, Beobachtungen betr. der Übereinstimmung der Hering-Hillebrand'schen Horopterabweichung und des Kundt'schen Teilungsversuches. Pflüger's Arch. **109**, S. 63 bis 72, 1905.

LXIV. P. Hoefer, Beitrag zur Lehre vom Augenmaass bei zweiäugigem und einäugigem Sehen. Beobachtungen am Wheatstone-Panum'schen Grenzfall. Pflüger's Arch. **115**, S. 483 bis 515, 1906.

LXV. G. Kautzsch, Studien über die rhythmischen Kontraktionen der Froschmagenmuskulatur. Pflüger's Arch. **117**, S. 133 bis 150, 1906.

LXVI. E. J. Lesser, Zur Kenntnis der Katalase I. Zeitschr. f. Biologie, **48** S. 1, 1906.

LXVII. E. J. Lesser, Über die elektromotorische Kraft des Froschhautstromes und ihre Beziehungen zur Temperatur. Pflüger's Arch. **124**, S. 143, 1907.

LXVIII. E. J. Lesser, Über die Guajakreation des Blutes. Zeitschr. für Biologie **49**, S. 571, 1907.

LXIX. E. J. Lesser, Zur Kenntnis der Katalase II. Zeitschr. f. Biol. **49**, S. 575, 1907.

LXX. E. J. Lesser, Chemische Prozesse bei Regenwürmern. I. Der Hungerstoffwechsel. Zeitschr. f. Biol. **50**, S. 419, 1908.

LXXI. E. J. Lesser und E. W. Taschenberg, Über Fermente der Regenwürmer. Zeitschr. f. Biol. **50**, S. 446, 1908.

LXXII. E. J. Lesser, Die Wärmeabgabe der Frösche in Luft und in sauerstofffreien Medien (ein experimenteller Beweis, dass die Kohlensäureproduktion der Frösche im sauerstofffreien Raum nicht auf Kosten gespeicherten Sauerstoffes geschieht). Zeitschr. f. Biol. **51**, S. 287, 1908.

LXXIII. E. J. Lesser, Das Leben ohne Sauerstoff. Ergebnisse der Physiol. **8**, S. 742, 1909.

LXXIV. E. J. Lesser, Chemische Prozesse bei Regenwürmern. II. Anoxybiontische Prozesse. Zeitschr. f. Biol. **52**, S. 282, 1909.

LXXV. E. Laqueur, Bedeutung der Entwicklungsmechanik für die Physiologie. (Sammlung anat. u. physiol. Vorträge und Aufsätze. 2. Bd., Heft 3.) Jena 1911.

LXXVI. E. Laqueur und J. Ettinger, Über den Einfluss des Arsens auf die Autolyse. II. Mitteilung von: Autolyse und Stoffwechsel. Zeitschr. f. physiol. Chemie **79**, S. 1, 1912.,

LXXVII. E. Laqueur, Über den Einfluss des salizylsauren Natriums
auf die Autolyse. III. Mitteilung. Ebenda **79**, S. 30, 1912.

LXXVIII. E. Laqueur und K. Brünecke, Über den Einfluss des benzoe-
sauren Natriums auf die Autolyse. IV. Mitteilung. Ebenda
79, S. 65, 1912.

LXXIX. E. Laqueur, Über den Einfluss von Gasen, im besonderen
von Sauerstoff und Kohlensäure, auf die Autolyse. Ebenda
79, S. 82, 1912.

LXXX. E. Laqueur und K. Brünecke, Über den Einfluss von
Gasen, insbesondere des Sauerstoffs, auf die Trypsin- und
Pepsinverdauung. Ebenda **81**, S. 239, 1912.

LXXXI. F. Verzár, Über die Natur der Thermoströme des Nerven.
Pflüger's Arch. **143**, S. 252—282, 1912.

LXXXII. E. Laqueur und F. Verzár, Über die spezifische Wirkung
der Kohlensäure auf das Atemzentrum. Ebenda **143**, S. 395 bis
427, 1912.